戦争法案許しません！とパレードで訴える女性の「レッドアクション」参加者（5月14日、東京・銀座）

戦争法案の審議入りに対し、国会前で抗議する人たち（5月26日）

「戦争法案は廃案に」と国会包囲行動に参加した人たち（6月24日）

抗議のコールをあげつづけたSEALDsなどの若者（9月19日未明、国会正門前）

手をつないで抗議のコールをする「女の平和」行動の参加者（6月20日、国会正門前）

戦争法案反対のコールを響かせる「戦争法案に反対する関西大行動」の若者たち（9月13日、大阪市の御堂筋）

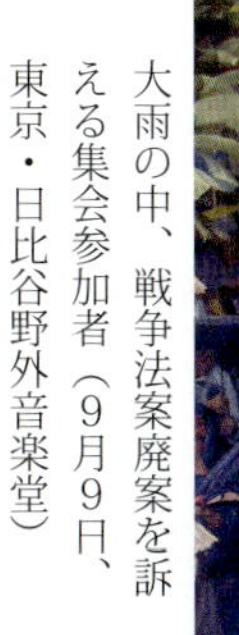

大雨の中、戦争法案廃案を訴える集会参加者（9月9日、東京・日比谷野外音楽堂）

「だれの子どももころさせない」と街頭の人たちにアピールするママたち（7月26日、東京都渋谷区）

各地の町、村でも抗議のデモ。長野県池田町の軽トラ平和パレードに33台が参加（9月5日）

仕事の休憩時間にメッセージを掲げ、「戦争法案反対」の意思表示をする看護師（9月16日、青森市）

戦争法案を廃案にと国会正門前の道路を埋めつくす人たち（9月14日）

この力（ちから）が日本を動かす

戦争法阻止に動いた人びと

しんぶん赤旗編集局［編］

新日本出版社

表紙写真　戦争法案の廃案と安倍内閣の退陣を求めて国会周辺に全国から12万人が集結。国会正門前の車道は人の波で埋め尽くされた（8月30日）

装幀／犬塚勝一

まえがき

本書は、戦争法案（安保関連法案）に反対する国民のたたかいをまとめたものです。法案が国会に提出される前の5月3日（憲法記念日）から、参院本会議で成立が強行された9月19日までの5カ月半を描いています。法律が強行されたからといって運動は止まっていません。戦争法廃止を求める運動が広がっています。

本書は、「しんぶん赤旗」日刊紙の記事を使いながら、全体として時間の経過に沿いながら、エポックとなる行動をまとめて記述するなどの方法でまとめました。記者の署名記事も含まれています。肩書きや年齢は、その時点のものです。地方の動きも豊富に紹介したかったのですが、紙幅の都合でかないませんでした。

戦争法案に反対する人たちが自主的に立ち上がり、ツイッターやフェイスブックで行動を告知する。それをつかんで、できる限り報道する。私たち赤旗編集局も、文字通り総がかりで取材にあたりました。全国版と地方版の紙面をめくりながら、「しんぶん赤旗」が報道した集会・デモの記事をざっくり数えてみました。5月は約70カ所。6月は約200カ所。衆院で強行採決があった7月は300カ所を超え、8月は約450カ所。最終局面の9月は、19日までに330カ所を超えます。草の根で行動が広がったことがわかります。

報道は時間との勝負でもありました。国会正門前で行われる夜の抗議行動は、開催中に締め切り時間がきました。掲載する面と記事の行数を決め、写真部とも連携して、現場から原稿を送りました。必要なら締め切り時間を遅らせる措置もとりました。原稿の校閲、紙面のレイアウト(整理)、印刷、配送、配達にかかわる人たちの力を合わせた作業でした。

国民とともにたたかった「しんぶん赤旗」にとっても、貴重な記録となりました。

赤旗国民運動部長　内藤豊通

目次

■第1章　たたかい開始

（1）憲法記念日に声あげる（二つの動き）

戦後70年、2015年5月3日の憲法記念日は、安倍晋三政権による戦争法案の企てに反対する本格的なたたかいが可視化された日でした。

全都道府県で憲法記念日の行動が計画され、「戦争立法反対」や米軍新基地建設に反対する沖縄県民との連帯が表明されました。これまで別々に憲法集会を開催してきた中央団体は、共同して集会を開くことで一致し、会場を東京から横浜に移して規模も拡大。3万人余が集まりました。

そしてもう一つ、新しい動きが誕生しました。学生や若者たちの行動を広げ、全世代の運動をつくりあげる力を発揮したSEALDs（シールズ＝自由と民主主義のための学生緊急行動）の発足が宣言されたのです。

第189通常国会は2015年度予算成立後、後半戦に突入していました。集団的自衛権行使容認の閣議決定（2014年7月1日）を法制化し、「海外で戦争する国づくり」を具体化する戦争法案を許すかどうかが重大争点となっていました。戦争法案の国会提出に先立って、安倍首相は4月29日（日本時間30日未明）、ワシントンの米上下両院合同会議で演説し、戦争法案の成立を「この夏までに必ず実現します」と公約しました。

●「戦争立法」許すな3万人超／5・3憲法集会熱気

戦争法案など安倍政権による憲法を無視・破壊する「暴走」に共同の力で立ち向かおうと、憲法記念日の3日、横浜市の臨港パークで「平和といのちと人権を！5・3憲法集会」が開催されました。強い日差しが照りつけるなか、ステージ裏も含めて会場からあふれる3万人以上（主催者発表）が参加し、「憲法守ろう」との思いを一つにアピールしました。野党4党から日本共産党の志位和夫委員長、民主党の長妻昭代表代行、社民党の吉田忠智党首、生活の党の主濱了副代表が参加したことも注目されました。

「戦争ができる国になれば、『戦争に行け』と教えないといけなくなる。そんな時代に絶対にしてはならない」（小学校教員）、「安倍政権のやり方は『ひどい』という言葉でも足りない。声を上げていきたい」（医療事務）など、さまざまな思いがあふれました。

これまで「憲法会議」「許すな！憲法改悪・市民連絡会」などでつくる「憲法集会実行委員会（2014）」と、「フォーラム平和・人権・環境」は別々に憲法集会を開いてきました。今回は共同で新たな憲法集会実行委員会を結成し、集会を開催しました。

集会よびかけ人6氏が発言しました。

作家の大江健三郎さんは、安倍首相が米国の上下両院合同会議でおこなった演説で、集団的自衛権行使を容認する法整備を約束したことを、「外国では繰り返し『法律をつくる』といいながら、日本では、国会などの政治的な場所で日本人の承諾、賛同を得たことはありません。このことをはっきりという必要があります」と批判しました。

憲法学者の樋口陽一さん、作家の雨宮処凛さん、作家の澤地久枝さん、精神科医の香山リカさん、作家の落合恵子さんらが発言しました。

連帯のあいさつに立った日本共産党の志位委員長は、日本を「海外で戦争する国」につくり替える「戦争立法」の三つの大問題を指摘しました。

第一は、アメリカが、世界のどこであれ、アフガニスタン戦争、イラク戦争のような戦争に乗り出したさいに、自衛隊が従来の「戦闘地域」まで行って、軍事支援を行うことになるということ。第二に、PKO（国連平和維持活動）法改定というのが曲者で、この法改定によって、PKOとは関係のない活動にも自衛隊を派兵する仕掛けをつくろうとしていること。第三に、日本がどこからも攻撃されていないのに、集団的自衛権を発動して、アメリカとともに海外で戦争をするということです。

「私は、心から呼びかけたい。『戦争立法』反対の一点で、思想・信条の違いを超え、国会内外で、すべての政党・団体・個人が力をあわせて、安倍政権のたくらみを必ず打ち破ろうではありませんか。世界に誇る憲法九条を守りぬき、九条を生かした平和日本を、みんなで力をあわせて築こうではありませんか」

と訴えました。

●民主主義守る盾になる／SASPLからSEALDsへ

憲法記念日の3日夜、特定秘密保護法に反対する学生たち（SASPL＝サスプル）が活動のテーマを広げ、自由で民主的な日本をつくるための、SEALDsを立ち上げました。東京都内で行われた交流パーティーで発表しました。

ＳＥＡＬＤｓは、Students Emergency Action for Liberal Democracy-s の略。「一人ひとりの行動こそが、日本の自由と民主主義を守る盾となる」という思いで、英語で複数の盾を意味するＳＥＡＬＤｓと名づけています。

「より幅広いイシュー（政治的争点）をもって、この国の自由と民主主義を破壊する勢力に対抗する」として、デモや学習会、動画の作成などを行います。平和憲法や立憲主義を守り、対話と協調に基づく外交・安全保障政策を求めています。

パーティーには学生ら90人が参加。政治学者の高橋若木さんとの対談も行いました。立憲主義、生活保障、安全保障などについてプレゼンテーションを行いました。

ＳＥＡＬＤｓと協力して関西でもデモを行おうと、京都や兵庫から８人の若者が駆けつけ、「ＳＥＡＬＤｓ ＫＡＮＳＡＩ（シールズ関西）」を立ち上げたことを報告。大学院生の塩田潤さん（23）が「首都圏の人たちとも連携したい」と語りました。

（2）法案閣議決定（5／14木曜日）

●戦後最悪の憲法破壊（閣議決定の内容）

安倍内閣は5月14日午後、首相官邸で臨時閣議を開き、米国が世界で引き起こすあらゆる戦争に自衛隊が参戦・軍事支援する戦争法案を閣議決定。歴代政府が掲げてきた海外派兵法の制約さえ突破し、戦後日本の大転換をもたらす憲法9条破壊の法案が15日、国会の場に提出されました。与党政策責任者会議は、「夏までの成立」をめざす方針を確認しました。日本共産党の志位和夫委員長は、「戦後最悪の憲法破壊の企てを阻止するために、党の総力をあげて奮闘する」と表明しました。

●閣議決定された法案など

国際平和支援法（海外派兵恒久法）

平和安全法制整備法（一括法）＝・自衛隊法改定・PKO法改定・周辺事態法改定・船舶検査活動法改定・事態対処法改定・米軍行動関連措置法改定・特定公共施設利用法改定・海上輸送規制法改定・捕虜取り扱い法改定・国家安全保障会議設置法改定

閣議決定文書＝・日本の領海で無害通航を行わない外国軍艦への対処・離島等に対する武装集団による不法上陸等事案への対処・公海上で日本の民間船舶に対し侵害行為を行う外国船舶への対処

※付則で以下の10本の法律も改定

道路交通法、国際機関等に派遣される防衛省の職員の処遇等に関する法律、国民保護法、武力紛争の際の文化財の保護に関する法律、原子力規制委員会設置法、行政不服審査法の施行に伴う関係法律の整備等に関する法律、サイバーセキュリティ基本法、防衛省設置法、内閣府設置法、復興庁設置法

●戦争法案までの経緯

1991・4　機雷掃海で自衛艦をペルシャ湾に派遣

92・6　国連PKO法成立

97・9　日米軍事協力の指針（ガイドライン）改定

99・5　周辺事態法成立

2000・10　「アーミテージ報告」で憲法解釈の変更を要求

01・10　テロ特措法成立

03・6　有事法制成立
　7　イラク特措法成立
07・5　第1次安倍政権発足で安保法制懇が発足
13・2　第2次安倍政権で安保法制懇が再開
14・5　安保法制懇が報告書提出
　7　安倍政権が集団的自衛権行使容認の「閣議決定」
15・4　ガイドラインを再改定
　5　安倍政権が戦争法案を閣議決定

（3）国会周辺、終日抗議の声

安倍内閣が戦争法案を閣議決定した14日、首相官邸前や国会周辺、銀座など東京都心は、早朝から夜まで、「9条を壊すな」「共同の力で戦争法案を阻止しよう」の声に包まれました。首相官邸前には早朝から、出勤前のサラリーマンや授業前の大学生などが続々と駆けつけました。

午前8時、首相官邸前。「戦争法案」の閣議決定に抗議する「戦争させない・9条壊すな！総がかり行動実行委員会」の集会には500人が参加。プラカードや横断幕を掲げ、「9条壊すな」などとコールしました。「参加できない人たちのためにも、僕が動かないといけないと思った」。東京都立川市に住む男子大学生（23）は、午後から始まる授業前に集会に参加。自転車で1時間半かけて官邸前に駆けつけました。「たとえ、どんな議論があったとしても、平和が大前提です。国民の意見も聞かない首相に、日本を戦争ができる国には変えさせせない」

正午、「女性のレッドアクション」がおこなわれた東京・銀座。強い日差しが照りつけるなか、30分前から集合場所の公園に到着していた小堤清子さん（66）＝東京都中野区＝。官邸前の行動から引き続いて参加したといいます。「安倍首相は強引に、民意と逆のことをやろうとしています。子どもたちに平和な

３万人以上が集まり憲法を守る決意をアピールする憲法集会参加者たち（５月３日、横浜市西区の臨港パーク）

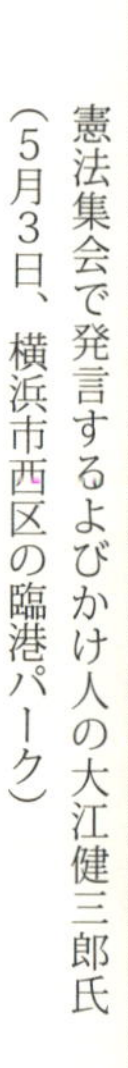

憲法集会で発言するよびかけ人の大江健三郎氏
（５月３日、横浜市西区の臨港パーク）

戦争法案閣議決定の日、「レッドアクション」で戦争法案反対を訴える女性たち（5月14日、福岡市）

首相官邸前で戦争法案の閣議決定に抗議するSEALDsの学生たち（5月14日）

未来を残したい。日本を『戦争する国』にはさせません」。「9」の文字をかたどったパネルを持ち、スーツ姿で参加した榎本亜好（あすみ）さん（22）＝さいたま市＝は、今年大学を卒業したばかり。「祖母から戦争の話をよく聞かされていました。そんな時代に戻るのは嫌です。安倍首相は、平和を望む私たちの声を聞いてほしい」と語りました。

午後0時20分、女性たちがデモ行進に出発。戦争で兄を亡くした茨城県龍ケ崎市の石川アヤさん（76）は「戦争中は父や兄が亡くなることが日常だった。誰がなんと言おうが絶対に戦争はダメです」。「白衣を戦場の血で汚さない」と横断幕を掲げて従軍看護師の制服で歩いた全日本赤十字労働組合連合会（全日赤）の山口早苗さん（33）は「武力をもたないで平和を構築してこそ、アジアで信頼される道です」。

戦争法案が閣議決定された午後5時前。衆院第2議員会館前に座り込んでいた鈴木正信さん（73）＝川崎市＝は、「許せないよ」と言って唇をかみしめました。終戦をむかえたのは3歳のとき。空襲により1歳で亡くなった弟と母親を思い出し、憤ります。「国の存立を守るためというが前の戦争もそれを口実に始まった。一度始めればかんたんには引けないのが戦争だ。憲法9条を壊し、自衛隊に血を流させようというのか」

夕方から始まった首相官邸前行動に午後7時すぎ、ＳＥＡＬＤｓの学生たちが合流しました。奥田愛基（あき）さんが「自分の息子や娘たちに、おれたちは１００年間戦争させなかったと誇れるように声をだしていこう」と訴え、「安倍晋三から日本を守れ」「憲法まもれ」「戦争するな」とコールしました。

（4）総がかり行動実行委が毎週木曜日の国会行動スタート

戦争法案が、5月26日の衆院本会議で審議入りすることになりました。与党側が特別委員会でも早期の審議入りを狙うなか、「戦争させない・9条壊すな！総がかり行動実行委員会」が21日の木曜日夜、国会前で戦争法案反対の声をあげました。毎週木曜日の定例抗議行動の始まりです。参加者から「共同を広げ廃案に追い込もう」の声が相次ぎました。

日本弁護士連合会の山岸良太・憲法問題対策本部長代行は「阻止へ全力を尽くす」と語りました。「立憲デモクラシーの会」の千葉眞・国際基督教大学特任教授は「安倍首相はポツダム宣言も憲法も分かっていない。アメリカに自衛隊員の命を差し出すなど許されない」と批判しました。

「総がかり行動実行委員会」は、通常国会が始まった1月26日、「戦争する国づくりストップ！　憲法を守り・いかす共同センター」（憲法共同センター）」「戦争をさせない1000人委員会」「解釈で憲法9条を壊すな！実行委員会」の3団体で構成する実行委員会として、初めての共同行動を実施。毎週木曜日の行動は、国会が閉幕するまで欠かさず行われました。「1000人委員会」の福山真劫（しんごう）さん、「解釈で憲法9条を壊すな！実行委員会」の高田健さん、憲法共同センターの小田川義和さん（全労連議長）の3人が、情勢の推移にあわせて随時記者会見をおこない、全国行動を含めた行動提起をおこないました。

（5）与党が早くも強行――衆院に特別委設置

戦争法案を審議する特別委員会の設置が19日の衆院本会議で、自民、公明などの賛成多数で議決されました。日本共産党と民主、維新、社民、生活の各党は反対しました。

特別委の名称は「我が国及び国際社会の平和安全法制に関する特別委員会」で、45人（自民28、民主7、維新4、公明4、共産2）の委員で構成されました。

（6）安倍首相、ポツダム宣言「読んでいない」

日本共産党の志位和夫委員長は5月20日の党首討論で、日本が過去に行った戦争に対する安倍晋三首相の認識を問いただし、戦争法案撤回を迫りました。志位氏の党首討論は11年ぶり。

志位氏は、戦後70年の節目の年にあたって日本が過去の戦争にどういう基本姿勢をとるかが重大問題になっていると提起し、首相に「過去の日本の戦争は『間違った戦争』だという認識はありますか」と端的に問いました。

安倍首相は、村山富市首相談話（1995年）など「節目節目にだされている政府の談話を全体として受け継いでいく」とのべるだけで、善悪の判断を正面から答えません。そこで志位氏は、「ポツダム宣言の（間違った戦争という）この認識を認めないのか」と問いただしました。首相は「私はまだ、その部分をつまびらかに読んでいない。論評は差し控えたい」と答え、戦後日本の原点となった「ポツダム宣言」すら読んでいないなどとのべ、言を左右に「間違った戦争」との認識を避けました。

党首討論で安倍晋三首相（右）に質問する志位和夫委員長（5月20日、衆院第1委員会室）

戦争法案に反対し、弁護士会も参加して抗議する「総がかり行動」の国会前集会（5月21日）

■第2章　戦争法案、衆院で審議入り

（1）戦争を望む国民はいない

●代表質問

戦争法案が5月26日の衆院本会議で審議入りし、与党の自民・公明両党、野党の民主党、維新の党、日本共産党が質問に立ちました。法案は過去23年分の海外派兵法制10本を大転換する一括改定法と、派兵恒久法の2本です。

安倍晋三首相は答弁で「今国会の確実な成立を期す」と明言。自民党の稲田朋美政調会長が「『戦争法案』はレッテル貼りではないですか」と声を荒らげたのに対し、首相も一方的に、「全く根拠のない、無責任かつ典型的なレッテル貼り。恥ずかしい」と敵意をむき出しにしました。

民主党の枝野幸男幹事長は「『平和』『安全』は戦争のための方便だ。『国際軍事協力法案』と称するのが正直な姿勢だ」と批判しました。

日本共産党の志位委員長は、憲法9条を破壊する三つの大問題を指摘し、「日本を『海外で戦争する国』につくりかえるのが正体だ」と批判しました。

●廃案に追い込む／国会前に900人

戦争法案の審議入りが強行された26日正午、国会論戦と結んだ運動で必ず廃案に追い込もうと、緊急の抗議行動が衆院第2議員会館前でおこなわれました。「戦争できる　法律いらない」とのコールが何回も国会をつつみました。「総がかり行動実行委員会」の主催。

「若者を戦場におくるな」などと書かれたプラカードや、うちわを持った900人（主催者発表）が駆けつけました。「国民の声に耳を貸さない安倍首相を見ていたら、いてもたってもいられなくなった」というのは、奈良県から新幹線で夫と一緒に参加した寺井真知子さん（62）です。「戦争を望む国民なんか一人もいません。いったいどこを向いて政治をしているのか」

日本共産党の堀内照文衆院議員が、「国会内外での共同を広げに広げ廃案に。全力で頑張りましょう」と呼びかけました。糸数慶子参院議員、民主、社民の議員もあいさつしました。

この日は各地で抗議行動が取り組まれました。

甲府市のJR甲府駅信玄公広場では緊急県民共同集会（実行委員会主催）が開かれ、県内各地から300人が参加。民主党山梨県連の飯島修代表、日本共産党の小越智子県議、社民党県連合の山田厚代表と、關本喜文県弁護士会長が決意を表明し、パレードの先頭に立ちました。

新日本婦人の会大阪府本部が、大阪市のJR京橋駅前でとりくんだ「戦争法案ぜったいアカン」宣伝では、署名や安倍首相への一言メッセージに応じる若い世代の姿が目立ちました。募集した首相への一言メッセージには20人が寄せ書き。「戦争に行きたくない！」と書いた男子高校生（16）＝兵庫県川西市＝は「戦場に行くのは僕たちの世代です。安倍首相の世代は、自分が行かなくて済むからいいかもしれないけど、人が死ぬのも自分が戦争へ行くのも、僕はいやです」と話しました。

●さいたま市で1万人余

5月31日は、戦争法案が審議入り(26日)して初の日曜日。反対を訴える多彩な取り組みが全国各地で行われました。さいたま市北浦和公園の「集団的自衛権行使容認の閣議決定撤回を求めるオール埼玉総行動」には1万400人を超える市民(実行委員会発表)が集まり、集会やデモ行進を行いました。同行動は、「憲法9条壊すな、戦争させない」の一致点で、弁護士や生協、労働組合、平和、教育、女性、青年の各団体など幅広い立場の人たちが参加。SNS(ソーシャル・ネットワーキング・サービス)で知ったという人や飛び入り参加の人も相次ぎました。実行委員会によると、同会場での1万人規模の集会は初めてです。

大きな反響をよんだのが、自由の森学園高校3年生、山森要さんの発言でした。要旨を紹介します。

安倍政権が出した「戦争法案」、私は絶対反対です。

安倍さんは国民の平和、生活のためだと言っていますが、実際戦闘地域に行くのは私たち国民です。日本が軍事力を拡大することは、周辺諸国の不安をあおり、逆に日本を危険にさらすことだと思います。戦争が起こったときのために準備をするのではなく、戦争を起こさないために動くべきだと思います。

私は学校で、集団的自衛権反対の署名を集めています。たくさんの子が「戦争には行きたくない」と言って署名に協力してくれました。みんな、殺したくないし殺されたくないのです。安倍首相に、私たちのこの気持ちをちゃんと聞いてほしい。そのために、もっとたくさんの署名を集めていこうと思います。

来年の夏には選挙権が18歳まで下がり、私たち高校生も選挙で投票できるようになると言われています。とてもうれしいです。けれど、正直、自分の意見を持って投票できる高校生がどれぐらいいるのか、不安でもあります。学校の友達と、どうしていきたいのか議論して、自分たちの未来について一緒に考えていきたいです。

●戦争法案国会審議序盤／早くも危険性が明らかに

戦争法案の本格的な国会論戦は、5月27日の衆院安保法制特別委員会を舞台に始まりました。志位和夫委員長を先頭にした日本共産党国会議員団の論戦は、法案全体の危険性を浮き彫りにし、推進勢力があれこれ持ち出す「根拠」を総崩れにしました。

戦争法案は、どこからみても憲法9条を蹂躙する戦後最悪の違憲立法です。志位氏は27、28両日の特別委で安倍首相を連続追及。①法案で可能となる「戦闘地域」での自衛隊の米軍等への「後方支援」＝兵たんによって、自衛隊が攻撃されれば武器を使用、戦闘になるなど憲法違反の武力行使にあたり、「殺し、殺される」戦闘に道を開く②戦乱の続く地域での自衛隊の治安活動が「殺し、殺される」戦闘に安易に転化する③集団的自衛権を発動し、米国とともに海外での武力行使に乗り出す――という戦争法案の三つの重大問題を追及しました。

この論戦の中で安倍首相は、兵たんを行う自衛隊が相手側から「攻撃を受ける」可能性があり、自衛隊が「武器の使用を行う」可能性も認めました。戦争法案によって憲法9条で禁じる武力行使に発展する危険が首相自身の答弁ではっきりしたのです。

それでも政府は、憲法違反であることをごまかすために、「武力行使ではなく武器の使用だ」「他国が行う武力行使との一体化ではない」という理屈を持ち出しました。しかし、外務省は志位氏の追及に「武器の使用」という概念は国際的に存在しないことを認めました。攻撃であれ、正当防衛であれ、軍隊による武器の使用はすべて「武力行使」(Use of Force)が国際的概念なのです。また「武力行使の一体化」についても6月17日の党首討論で安倍首相は「国際法上、そういう概念はない」と認めざるを得ませんでした。

安倍首相は、地理的制約の根拠を追及されると、苦し紛れに「戦闘行為が発生しないと見込まれる場所を指定し後方支援を行う」と弁明しました。志位氏は、兵たんが国際法上も軍事攻撃の対象となることや、法案には一言も「見込まれる場所」などと書いていないことを指摘しました。

戦争法案で集団的自衛権行使を正当化する「根拠」として安倍政権は、憲法9条の下での米軍駐留が認められるかを争った1959年の砂川事件最高裁判決を持ち出しましたが、日本共産党の宮本徹衆院議員の追及で「(判決は)集団的自衛権にふれているわけではない」(横畠裕介内閣法制局長官)と明言。政府の「根拠」は論戦最初から次々と崩れました。

(2) 違憲の法案

●憲法学者3氏が「違憲」と表明／衆院憲法審査会

6月4日の衆院憲法審査会で、「立憲主義」をテーマに招致された参考人の憲法学者3氏がそろって、集団的自衛権行使を可能にする戦争法案について「憲法に違反する」との認識を表明しました。早稲田大学の長谷部恭男教授、笹田栄司教授、慶応大学の小林節名誉教授の3氏。参考人は審査会幹事会で各党が協議して決めたもの。与党も含めて合意した参考人全員が違憲の判断を示したことで、戦争法案の違憲性がより鮮明になりました。

長谷部氏は「集団的自衛権が許されるという点は憲法違反だ。従来の政府見解の基本的な論理の枠内では説明がつかないし、法的安定性を大きく揺るがす」と表明しました。

小林氏は「憲法9条2項で軍隊と交戦権は与えられていない。9条をそのままに、仲間を助けるために海外に戦争に行くというのは、憲法9条、とりわけ2項違反だ」と述べました。

笹田氏は、従来の政府の憲法解釈は「ガラス細工だが、ギリギリのところで保ってきている。今の定義では（それを）踏み越えてしまったので違憲だ」とのべました。

憲法学者3氏が戦争法案を「違憲」と断じたことで法案への関心が一気に高まり、「潮目が変わった」といわれるようになりました。

●「違憲」発言の衝撃度

憲法学者による「違憲」発言の衝撃を物語ったのは、政府・与党幹部の発言です。自民党の高村正彦副総裁は6月11日、衆院憲法審査会で「最高裁判決の法理に従って、自衛のための必要な措置を考える責務があるのは憲法学者でなく政治家だ」とのべ、ごう慢な姿勢を示しました。菅義偉官房長官が「（戦争法案を）全く違憲でないという著名な憲法学者もたくさんいる」とのべましたが、国会で追及されると3人しか名前をあげられませんでした。

（3）SEALDs　毎週金曜日の国会正門前行動スタート

●雨の中で

学生たちが6月5日午後7時半から、戦争法案に反対する国会前の金曜日定例抗議行動をスタートさせました。主催はＳＥＡＬＤｓです。学生らが次々とかけつけ、数百人に。雨が強くなるなか、「戦争法案絶対反対」「憲法まもれ」「安倍はやめろ」とコールしました。

大学４年生の小松考行さん（23）＝神奈川県横須賀市＝は「安倍政権の強引なやり方はおかしい。戦争法案は違憲だという学者の意見を真摯に聞くべきだ」。東京都新宿区から参加した男性の大学院生（26）は「国会での政府の答弁は、実際の戦争を知らない、現実的ではない空論だと思う。廃案にするために毎週この場所に来ます」と語りました。

衆院憲法審査会（４日）で戦争法案をきっぱりと「違憲」だとのべた、慶応義塾大学名誉教授の小林節氏が行動に参加し、あいさつしました。以降、毎回、著名な学者・研究者が駆けつけ、連帯を深めていきました。

ＳＥＡＬＤｓの行動は、毎回雨に見舞われました。５回目の７月３日も強い雨を突いて開始１時間前から人が集まり続け、３０００人余が参加しました。やっと晴れた７月10日には、１万５０００人が声をあげるなど、回を追うごとに参加者が膨れ上がりました。

●ＳＥＡＬＤｓ　腹の底からの叫び

「この国の自由とか、民主主義とか、憲法とか当たり前のことを、安倍首相なんかに終わりにさせはしない。始まってるんですよ、新しい動きは。戦争法案を、本当に止めるぞ！」。ＳＥＡＬＤｓの学生が腹の底からしぼり出した叫びに、国会前に集まった若者たちが歓声を上げました。

６月19日午後７時、国会正門前。抗議行動開始まで30分、会場は静かでした。人はまばらで、小雨が降り、長袖でも肌寒い気候。「今日は人が少なそうだ」という予想は、みごとに打ち破られました。数分後ふと周りを見回すと、参加者は一気に膨らんでいました。

「戦争立法絶対反対」「言うこと聞かせる番だ俺たちが」「国民なめんな」。若者を中心に途切れることなく集まった2500人は、学生や学者のスピーチに、時には顔をほころばせ、時には怒りの表情を国会に向けながら、こぶしを突き出し、こん身の力を込め、コールしていました。

「私が、大事な大事な金曜日の夜に、なんでわざわざ交通費も時間もかけて、デートもキャンセルしてこんなところに来てるかっていうと、安倍首相に未来を奪われたくないからです」。耳に大きなピアスをつけ、ヒールを履いた女子大学生がマイクを握ります。「知り合いも入っている自衛隊が、日本人としてだれかをあやめてしまうかもしれないなんて、イヤ。私は私の未来を自分でつくって守っていきたいから、これからもこうやって声を上げていく」

青いワンピースを着た10代の女子大生もマイクを手に取りました。「戦闘に参加すれば敵国とみなされる。そうしたら、私たちは覚悟を決めて人を殺さなければならないのですか？　私たちがめざす平和は、こんな平和安全法制なんて名前のついた物のなかにはありません」。彼女はそういって、国会を見据えました。「みんな本当に止めるために集まっています。私は本当に止めるために行動します。たたかいます」

著名人も次つぎと現れました。「あこがれていた学者の方とかが抗議に来て、講義みたいなことをしてくれる。毎回楽しみにしています」と学生が顔をほころばせながら学者を紹介します。

抗議の終盤、先頭でコールしていた大学生が訴えました。「これは友だちに話して恥ずかしいことじゃないし、僕ら全員にかかわること。何より大事なのは、ここにいる一人がもう一人を連れてくることです」「若者も、全世代も、みんな、本当に来てください。来週また会いましょう」

FIGHT FOR LIBERTY!
OUR FUTURE OUR CHOICE
GIVE PEACE A CHANCE
#本当に止める
PEACE NOT WAR
I can't believe
THIS SHIT
GAKUIN
UNIVERSITY

「国民なめんな」「憲法壊すな」とコールするSEALDsの学生たち（6月19日、国会正門前）

（４）戦争法案反対／労働界が一致

安倍晋三政権が狙う戦争法案に対し、全労連と連合の二つのナショナルセンターがともに反対を明確にしたことも、大きな力になりました。

全労連は５月21、22両日の幹事会で、戦争法案について「二度と戦争しないと誓った憲法を根本から破壊する」と批判。「戦争法案反対の一点での共同をかつてない規模で大きく広げよう」と決定しました。憲法共同センターの一員として、「戦争させない・９条壊すな！総がかり行動」の取り組みにも参加しました。

連合は５月28日の中央執行委員会で「安全保障関連法案の国会審議に対する連合の考え方」をまとめ、「時の政府の判断にゆだねられる範囲が広がり、自衛隊の活動が歯止めなく拡大していく」と懸念を示しました。６月３日の中央委員会では、古賀伸明会長が「反対する立場から、徹底的な議論を求める」と強調しました。

１９６０年の「安保反対闘争」は、当時の最大のナショナルセンターだった総評が共闘組織の幹事団体となって力を発揮しました。今回のたたかいで連合は、運動を推進した「総がかり行動実行委員会」には加わりませんでしたが、連合加盟の自治労、日教組、私鉄総連、全農林など多くの組合が「フォーラム平和・人権・環境」の構成メンバーとして行動に参加しました。ナショナルセンターの垣根をこえた労働組合の共同が実現しました。

（5）自民元幹部らも大反対

●山崎拓、藤井裕久、亀井静香、武村正義の各氏

山崎拓・自民党元副総裁など同党元幹部や歴代政権の閣僚経験者4氏が6月12日、日本記者クラブで記者会見し、安倍政権の「安保法制」（戦争法案）に反対する意見を声明や口頭で表明しました。

山崎拓氏（自民党元副総裁・元幹事長）「歴代政権が踏襲してきた憲法解釈を、一内閣の恣意で変更することは認めがたい。法案が成立すれば、わが国の安保政策の重大転換となり、平和国家としての国是は大いに傷つくことになる」

藤井裕久氏（民主党顧問・元財務相）「集団的自衛権とは何か。完全に対等な軍事同盟です。その特徴の一つは仮想敵国をつくること」「アメリカは軍事的、経済的な肩代わりを日本に求めている。こんなことをやっていたら日本は本当に間違った道を進むことになる」

亀井静香氏（元自民党政調会長・元金融担当相）「日本は戦後、国際的にいわゆる『普通の国』ではない（戦争しない）国でいく国是で進んできました。それを一内閣、一国会で国家のあり方をがらっと変えてしまおうとしている。いま（自衛隊員の）リスクがある、ない、なんていっているが、そんな生やさしいものではない。戦闘行為をやって戦死者が出るのが当たり前なんです」

武村正義氏（元官房長官・元新党さきがけ代表）「いわゆる後方支援で、たたかっている米軍などに弾薬や戦闘機の油などを自衛隊が運ぶことはまさに兵たん活動そのものです。相手国から見れば当然、攻撃対象になります。国の形を変える大きな政策が、議論が未成熟なまま一挙にケリをつけられようとしている。

国民世論が納得しないまま一方的に強行採決すれば、大きな禍根を残すでしょう」

●河野洋平元衆院議長も

河野洋平元衆院議長は6月9日、日本記者クラブで記者会見し、安倍政権が「戦争法案」を今国会中に成立させようとしていることについて、「いかにも早急すぎるし乱暴すぎる」と指摘し、「一回引っ込めて再検討したほうがいい」と語りました。

5月22日放送のTBS系「時事放談」で、自民党の重鎮だった野中広務・元官房長官、古賀誠・元自民党幹事長が、安倍政権に厳しい言葉を連ねました。野中氏は「死んでも死に切れない気持ち」と語り、古賀氏も「恐ろしい国になっている」と繰り返しました。

（6）広がる行動

6月13日、東京、宮城、千葉、長野、静岡、奈良、福岡など列島各地で集会やデモがおこなわれ、「海外で戦争する国をつくる憲法違反の戦争法案を必ず止める」の声がわきあがりました。

東京都内で開かれた「STOP安倍政権！　大集会」（主催、同実行委員会）には、北海道から沖縄まで全国から1万6000人が参加。「日本中から国会を圧倒的に包囲し、戦争法案を廃案に追い込もう」の発言が相次ぎました。

京都市では、臨済宗相国寺派管長の有馬頼底氏や作家の瀬戸内寂聴氏らが呼びかけた「戦争立法NO！京都アクション」がおこなわれ、30度を超える蒸し暑さのなか、2300人が「戦争法案とめよう」とアピールしました。

14日、東京都内で二つの大規模な行動がとりくまれ、全国でも集会やデモがおこなわれました。

国会周辺では、「総がかり行動実行委員会」が国会包囲行動を実施。2万5000人（主催者発表）が詰めかけ、法案提出以降、最大規模になりました。東京・渋谷では、後でもふれるように「戦争立法反対！渋谷デモ」が行われ、若者ら3500人（主催者発表）が繁華街を行進しました。デモに先立って、若者憲法集会が都内で開かれ、1300人の若者が参加しました。

千葉県大集会（13日、千葉市）には4000人、愛知県弁護士会の大集会（14日、名古屋市）には4000人余。これより先、大阪弁護士会の集会（7日）に4000人が参加しました。

●93歳寂聴さん国会前へ／〝寝てはいられない〟

6月18日夕、93歳になる作家の瀬戸内寂聴さんが、戦争法案に反対する国会前集会に参加して、「戦争を二度と繰り返してはなりません」と訴えました。

「去年、ほとんど寝たきりでした。最近の状況を見たら、寝ていられないほど心を痛めました。このままではだめだよ、日本は怖いことになっている」と切り出した瀬戸内さん。「前の戦争がいかにひどくて大変か身にしみています。〝よい戦争〟などありません。すべて人殺しです」「死ぬ前にみなさんに訴えたいと思いました」と話しました。

「若いみなさんが幸せになるように進んでほしい」と呼びかけると、参加者から大きな拍手が起きました。

●赤いファッションで女性たち

6月20日、戦争法案にレッドカードを突きつけようと、赤いファッションアイテムを身につけた女性たちが国会を包囲しました。「女の平和」行動です。前回（1月17日）の2倍を超える1万5000人が手をつなぎ、「戦争法案いますぐ廃案」などと唱和しました。呼びかけ人の元中央大学教授の横湯園子さんは「怒りの赤で法案を廃止させましょう」と力をこめました。作家の渡辺一枝さんは、戦争から帰ってこなかった父親のことをこれまで話したことがなかったといいます。「こんな思いをこれから生まれる子どもたちに味わわせたくない」。音楽評論家の湯川れい子さん、学習院大学の青井未帆教授、日本弁護士連合会の藤原真由美憲法問題対策本部副本部長らが「違憲の戦争法案を廃案に」と訴えました。

戦争法案に反対する女性のレッドアクションも、新日本婦人の会を中心に全都道府県に広がりました。

●立憲デモクラシーの会が声明

集団的自衛権の行使容認の「閣議決定」に反対する学者らでつくる「立憲デモクラシーの会」は6月24日、衆院第2議員会館で会見を開き、「安保法制関連諸法案の撤回を求める声明」を発表しました。

声明は法案について、「集団的自衛権の行使を容認する点、外国軍隊の武力行使と自衛隊の活動との一体化をもたらす点で、日本国憲法に明確に違反している」と批判。「立憲主義をないがしろにし、国民への十分な説明責任を果たさない政府に対して、安全保障にかかわる重大な政策判断の権限を与えることはできない」として法案の撤回を求めました。

共同代表の山口二郎法政大教授（政治学）は、戦前、天皇機関説事件などで国家権力により大学の自由な研究が抑圧されたことに触れ、「権力によって学問が弾圧されてから、戦争に負けるまでわずか10年だったという事実を私たちは重く考えている。この機会に学者としてなすべきことをしようと声明発表に至った」と経緯を説明しました。

同代表の樋口陽一東北大・東大名誉教授は、戦争法案と安倍政権に対し「国会に対する姿勢、法案が出されてからの対応の仕方は、国会を支えている主権者国民に対する侮辱だ」「さらに他国の議会で、自国の議会にも提出していない法案を、時期を限って成立を約束するというのは、国民主権を前提とし、その国民がつくっている国家主権にも無頓着な対応だ」と断じました。

会見には他に小林節慶応大名誉教授、小森陽一東京大教授ら7人が出席。「砂川判決から集団的自衛権の行使は合憲だという結論が導かれることはない」（長谷部恭男早稲田大教授）、「安倍政権の対話を拒む体質の背景には、民衆は言葉の操作によってだませるという前提が透けて見える」（千葉眞国際基督教大特任教授）と問題点を指摘しました。

●国会審議1カ月で見えたもの

日本共産党などの論戦で違憲性が浮き彫りになった戦争法案をめぐる世論の動向は、衆院憲法審査会の参考人質疑（6月4日）で自民党推薦の憲法学者ら参考人全員が「法案は憲法違反」と断じたことで大きく〝潮目〟が変わりました。

衆院安保法制特別委員会で野党側は、「戦闘地域」にまで行き米軍等への兵たんを行う自衛隊のリスク、集団的自衛権行使の違憲性などを繰り返し追及。中谷元・防衛相、岸田文雄外相らは答弁不能に陥り、たびたび審議は中断。特別委で野党側が政府に要求した統一見解や法案の関連資料提出にもまともに応じないなど、法案審議の行き詰まりが深まりました。衆院で法案が審議入りしてから1カ月間の特別委での審議中断は54回にのぼりました（最終的に衆院特別委での審議中断は111回）。通常国会会期末（6月24日）までに衆院通過という政府・与党が想定していたシナリオは大幅に狂い始めたのです。

砂川事件最高裁判決（1959年）や、「集団的自衛権の行使は憲法上許されない」と結論付けた政府見解（1972年）をねじまげ戦争法案を正当化した「合憲」論が次々破綻するもとで、安倍首相らが憲法解釈を変更した唯一の理由で持ち出したのが「安全保障環境の根本的変容」というものでした。

日本共産党の宮本徹議員は6月11、19両日の衆院安保特別委で「他国に対する武力攻撃によって、政府の安保法案の言うような『存立危機事態』なるものに陥った国が、一つでもあるか」と追及。岸田外相は答弁不能になり、「実例をあげるのは難しい」と答弁。憲法解釈変更の理由――戦争法案の立法事実がないことが天下に明らかになったのです。

安倍首相は集団的自衛権行使の具体例として中東・ホルムズ海峡の機雷封鎖事案を繰り返しあげました。6月15日の衆院安保特で日本共産党の赤嶺政賢議員は、同海峡の機雷封鎖にたびたび言及してきたイラン自身が米国などとの対話を進めるなど海峡封鎖の可能性はさらに低くなっていることを示し、安倍政権による憲法解釈変更は「現実の国際政治と無関係に行われたものだ」と批判しました。中谷防衛相は、過激組織ISの拡大などの中東情勢をあげたものの、「このような変化がただちにホルムズ海峡に悪影響を及ぼす危険があるわけではない」と海峡封鎖と関係ないことを認めました。

戦争法を許さないと国会前で訴える93歳の瀬戸内寂聴さん（右、6月18日）

声明を発表する立憲デモクラシーの会共同代表の樋口氏（中央）と山口氏（右端）ら（6月24日、衆院第2議員会館）

■第3章　「本当に止める」　若者たちの思い

（1）渋谷が熱い

6月14日、東京・渋谷の街で行われた「戦争立法反対！渋谷デモ」。隊列は、沿道からの飛び入り参加などで、出発時から大きく伸びて3500人（主催者発表）に膨れあがりました。サウンドカーから流れるラップのリズムにのって、「戦争法案ぜったい反対」「戦争するな」「憲法守れ」とコールしました。

女子高生がマイクを握り、「平和憲法や大切な人、自分たちの未来を守るために声をあげます」とスピーチ。札幌市から参加した19歳の女性も「自衛隊が戦争に加担するのを見たくない。そのせいで死んでいく命も考えたくない。イヤなことはイヤだと叫びます」と訴えました。

沿道からも共感の声が寄せられました。ビラを受け取った渡辺菜月さん（21）は「戦争法案はなんかマズイな、と感じていました。若い人の意思表示って大事だし、かっこいい。機会があれば参加したい」と話しました。

「渋谷デモ」は、若者憲法集会実行委員会とSEALDsなどが共同して実現したもの。出発前にあいさつした同実行委員会の黒津和泉さんは、「憲法を守らない政治家はいりません。必ず戦争法案をとめましょう」と訴えました。ＳＥＡＬＤｓの牛田悦正さんは、「僕らは、憲法と民主主義を守れという基本的なことしかいってない。安倍政権をたたきつぶしましょう」と呼びかけました。

日本共産党の池内さおり衆院議員、吉良よし子参院議員が参加し、あいさつしました。

●SEALDs　渋谷街宣　野党5党が揃い踏み

ＳＥＡＬＤｓは6月27日、東京・渋谷駅前で「戦争法案に反対するハチ公前アピール街宣」を行いました。呼びかけにこたえ、共産、民主、維新、生活、社民の5野党代表が初めてそろいぶみして、「戦争法案反対」を訴えました。

ＳＥＡＬＤｓのメンバーらが、戦争法案の危険性を知らせるパンフやフライヤー（ビラ）を配布。学生、高校生らが次つぎと受け取り、その場で話題にする場面が随所で見られ、聴衆は時間を追うごとに膨らみました。フライヤーを受け取った都内の大学に通う栗波嵩也さん（19）＝1年生＝は「書いてある通りだと思う」と語り、「同世代がこんなに発信しているのを初めて見ました。僕も行動しなきゃいけないと思う」と語りました。

「国会での質問を聞いて僕もめっちゃ感動した」という司会の紹介と聴衆の歓声に迎えられてマイクを握った日本共産党の志位和夫委員長。「若い皆さんが憲法と平和の問題を真剣に考え、行動していることを心から頼もしく思います」と切り出すと、「おーっ」との声が響き渡りました。

《学生のスピーチ》

◎首相を置いて前に進む／小林叶さん／大学4年生

みなさん知っていますか。日本は世界でトップレベルの先進大国であるのに、1日に100人近くが自殺している。高校、大学の学費は上がっていて、学費のために昼夜必死でバイト。労働者は派遣労働で搾取をされている。

この国は国民をなめています。私たち一人ひとりの生活など、初めからどうでもいいのです。普遍的な人間の尊厳を踏みにじっているのです。

そして、「国民を守るため」といって戦争法案を通そうとしています。どうして信じられますか。もうウソをつくのはやめてください。

つい100年前まで選挙権は常識ではありませんでした。権利を獲得するため、先人たちは血を流しました。そして、言葉を、理想を、命をかけて未来に届けてくれた。

私たちも、自分の意見を発して未来にタイムカプセルを埋めなければいけません。

安倍首相。あなたたちのやっていることはわれわれ人類への、先人への侮辱です。私たちは、あなたを置いて前へ進みます。人間の社会は進歩するのです。近いうちに歴史が証明するでしょう。

◎反対意思伝える行動を／佐竹美紀さん／23歳

3年前、アフガニスタンの子どもと出会い、数カ月をともにしました。国内では治療を受けられません。ケガや病は確実に彼らの可能性を奪っています。これこそが報復戦争の結果で現実です。

私は、こういう現実を見たからこそ、「戦争はなくせる」という理想をかかげつづけたいのです。その一歩を日本は踏み出せると信じています。

もし一人目の日本人犠牲者が出たら、憎悪が拡大していくのはあっという間でしょう。犠牲者が出てからでは遅い。声を上げるのはいまです。SNS（ソーシャル・ネットワーキング・サービス）で「いいね！」が増えても、安倍さんに危機感を持たせることはできないでしょう。国会前に集まってください。デモで一緒に歩いてください。

想像力の乏しい首相には実態で、反対の姿勢を見せなくては私たちの意思は伝わりません。私たちなら止められる。止めるんです。

◎**未来のためにたたかう**／福田和香子さん／大学4年生

先週の金曜日、毎週行われている抗議行動の様子がテレビで報道されました。それに対して、インターネット上で罵詈雑言を投げかける人たちを尻目に、私は、今日ここに立つことに決めました。私は本気だからです。

私や私の仲間がこの場所にこうやって立つことでどれだけのリスクをしょっているか、想像に難くないはずです。それでも、私がしょいこむリスクよりも、現政権に身を委ねた結果訪れる未来のほうがよっぽど恐ろしく思えるのです。もう人ごとではありません。全ての国民が当事者です。想像力を捨て、目先の利益にとらわれ、独裁的な指導者に首をつながれた、そんな奴隷になりたいですか。

私は今、自分が持つ全ての可能性にかけて、この法案と、そして安倍政権を権力の座から引きずりおろします。

そうすることでしか、受け入れるにふさわしい未来がやってこないからです。1％でも可能性が残っているのなら、私は声をあげることをやめません。

（2）ＳＥＡＬＤｓの抗議行動で学者が「夜の国会前講義」

首都圏の大学生を中心につくるＳＥＡＬＤｓは、６月５日を初回に毎週金曜日の夜、国会正門前で戦争法案に反対する抗議行動を続けてきました。毎回、ゲストとして学者が招かれてスピーチしていることが話題になりました。学生たちからも「抗議行動に行くと、あこがれていた先生たちの講義が聴ける。毎回楽しみ」と好評でした。

◎**独裁国家を許さない**／小林節さん（慶応大学名誉教授、憲法学）

戦後70年間、日本は専守防衛でやってこれた。これが賢い防衛手段なんです。間違って「世界の警察」などやってしまったら、アメリカと同じで、経済的に滅びるし、世界中を敵に回します。

政治家が憲法を無視する習慣がついてしまうと、民主国家ではなく独裁国家になってしまう。だから、ここは許さないで、次の世代への責任だと思ってがんばってほしい。私も安倍内閣の暴走を止めたい。よろしく。（６月５日）

◎**学者多数が共に立つ**／小森陽一さん（東京大学教授、日本近代文学、九条の会事務局長）

いまいったい何人の憲法学者が戦争法制に反対しているか。２００人以上です。憲法学という学問は、明らかに戦争法案は憲法違反で、取り下げるべきだということを明確にしていると思います。

憲法学だけでなく、あらゆる専門の学者も共に立ち上がろうとしています。私たちが大きく政治のあり方、潮目を変えていくときです。それぞれの大学の教師と一緒になって、大学から一気に運動を起こしていきましょう。（６月12日）

◎黒を白、とんでもない／西谷修さん（立教大学特任教授、哲学・思想史）

今国会では、政府は黒を白だといいくるめることしかやっていません。これがまかり通れば世の中の基本的な決まりは崩れ、ぐちゃぐちゃになってしまった世の中をみんな生きていかないといけない。とんでもない話です。

基本的にこの国は、なにか問題が起こったときに、戦争でことを解決しようとすることを止めてきた。それがこの社会の安定や安心をつくっている。皆さんがんばってください。私も一生懸命やります。（6月12日）

◎憲法の規範性を壊す／石川裕一郎さん（聖学院大学教授、憲法学）

私も含めた5人で全国の憲法の先生に手当たり次第にメールや手紙を出して、きょうの時点で230人くらいから賛同をいただきました。集団的自衛権の容認は、どう考えても憲法の規範性を壊す。その一点で集まっているので、（賛同者には）改憲派の人もいます。

今の状況をたとえるとこうです。病院に行って、手術を勧められたとします。しかしその人は医師免許を持っていません。他のお医者さんに聞いたら、100人中90人のお医者さんが、その手術は危ないといいます。でも自分の主治医は、いや私を信じなさいといいます。そのとき、皆さんは手術を受けるでしょうか、とりあえず待ちますよね。（6月12日）

◎「戦争は違法」広がる／堀尾輝久さん（東京大学名誉教授、教育学）

学生や市民の方が立ち上がったことをうれしく思います。みなさんの声にまったく同感です。

戦争すべてがいけないものだ、という考え方は新しいんです。戦争の本質が人間性に反するんだという認識が世界的に広がってきている。今はそういう時代ととらえる必要があります。

戦争そのものが違法なものだ、集団的自衛権という軍事同盟自体が国際法にも本来的に違反するんだという認識を深めながら、輪を広げていきたい。（6月19日）

◎若者の姿、未来に自信／樋口陽一さん（東北大学・東京大学名誉教授、憲法学）

若い諸君の力強い声、生き生きした姿。これに接して、この国の今と未来に、もう一度私は自信を持ちました。

まじめに法学にとりくんだ者なら、立憲主義を守ろうというのは立場を超えて誰しもが思うことです。憲法9条についても、国民のなかで、いろいろな考え方があるでしょう。しかし、過去の戦争に学ばず、戦後の日本が一生懸命やってきたよいところさえ知らず、立憲主義という言葉を知らない。そういう今の国会議員たちに、手を触れさせてはいけない。

不真面目な人たちによって戦後日本が築いてきたことを解体させられる瀬戸際にある。何かわけのわからない流れの中で日本が変えられようとしている。はね返しましょう。（6月19日）

◎学者と学生が一緒に／広渡清吾さん（日本学術会議前会長、専修大学教授、法学）

安倍自民党内閣は、会期末までに戦争法案を仕上げることはとうとうできず、歴史的にいちばん長い会期の延長を強行しました。

なぜそうなったか。みなさんの声が国民に届いているからです。

大学では、われわれ学者、教師と学生が一緒になって、大学における自主を守る、学問の自由を守る。学問は民主主義とともにある。そういう大きな国民のたたかいを合流させて、なんとしても戦争法案をつぶすことが、日本の平和と民主主義を守り発展させていく上で、とても重要と確信しています。一緒にがんばりましょう。（6月26日）

◎**われわれは負けない**／中野晃一さん（上智大学教授、哲学）

子どものことを考えると、自分たちの世代で、われわれの享受してきた自由や民主主義を壊されてはいけないと思います。

今、政府は守勢にまわっていて、次は「憲法守って国滅びる」という議論を持ち上げるでしょう。しかし、平和なときですらここまで国家権力を暴走させてしまい、憲法も守れない人たちが、国民を守れるわけがない。彼らの関心は国家権力を強めることで、国民の安全ではありません。

われわれは負けません。それは一人ひとりが、自分たちの幸せ、他の人たちの幸せ、平和と繁栄を考えているからです。長い熱い夏になります。一緒に手を携えて、たたかっていきましょう。（6月26日）

◎**堂々と真理を語ろう**／山口二郎さん（法政大学教授、政治学）

安倍総理は何を聞かれても説明を拒否しています。

今、国会の中は、（私たちは）確かに数において劣勢です。しかし、黒人の権利を主張したキング牧師も、最初は少数派でした。それでも堂々と真理と論理を語り、人々を説得した。こういう事例がたくさんあります。私たちはこれからそのようなたたかいをしなければなりません。ともに進みましょう。（6月26日）

◎**みなさんの姿は希望**／大沢真理さん（東京大学教授、社会学）

アメリカは第2次世界大戦後、ずっと戦争を続けてきた国です。しかし、徴兵制はありません。兵力の調達は20％を超える若者の貧困と大きな関係があります。軍にいけば奨学金返済は帳消しになり、大学学費は無料だからです。日本も人ごとではありません。18歳から25歳の18％の貧困率や、重い奨学金。一生派遣から抜け出せない派遣法の改正案。安倍政権がやっていることは、すべて若者が戦争にかり出されざるをえない国をつくる方向に向かっている。

私は日本の将来が大変心配でした。けれど、ここに来て、みなさんの姿を見て、日本は大丈夫だと希望を持つことができました。（6月26日）

（3）SEALDs KANSAIが初デモ

関西の大学生でつくる「SEALDs KANSAI」（シールズ関西）の主催した初のデモが6月21日、京都市の繁華街で行われました。飛び入りなどで2200人に膨れ上がった参加者は、ラップのコールに合わせて「戦争立法絶対反対」「戦争したがる総理はいらない」と声を響かせ、注目を集めました。

先導のサウンドカーからスピーチした京都精華大学1回生の男子学生は、「徴兵制で戦場に行くのは僕ら若者。僕たちの手は銃を握るためにあるのではない。僕はこの手でたくさんの絵を描いて、ギターを弾いて、あなたたちと手をとって歩きたい」と、戦争法案反対の思いをぶつけました。

デモ初参加の高校3年生、水野あゆ菜さん（17）＝滋賀県＝は、「平和で生きていられるのも憲法があるから。その憲法や平和が脅かされていて、政治はわからないと言っていられない。18歳選挙権も始まる。私たちの役割は平和な日本を引き継いでいくこと」と話しました。

立命館大学2回生の男子学生は「友だちに予備自衛官もいる。殺し殺される事態が起こりかねず、人ごとでなくなってきた。居ても立ってもいられない」と語っていました。

（4）「戦争したくなくてふるえる。」

●19歳呼びかけ1000人デモ／札幌市すすきの

「私たちの日常守りたい」と繁華街すすきの交差点で若い女性の声が響き渡りました。

19歳の女性がフェイスブックやツイッターで呼びかけた「戦争したくなくてふるえる。」デモが6月26日、札幌市で行われ、1000人が参加しました。デモ後に女性たちが自分たちの言葉で戦争反対や法案反対を訴えました。

デモを呼びかけたのはフリーターの高塚愛鳥(まお)さん（19）。「戦争が怖くて戦争法案を通したくない」と思い、知人らのアドバイスもあり、デモをしようと思いました。音楽が好きでデモのタイトルは、若者に人気のある歌手、西野カナさんの歌詞「会いたくて震える」からとったもの。遊び仲間や無関心そうな人に興味を持ってもらいたくて、すすきのの中心でスピーチすることを決めました。

ネット上でデモの告知をすると、友人や会ったことのなかった学生たちが協力してくれ、ビラをつくり地下鉄駅前で配布してくれました。

どんどん輪が広がり、当日は飛び入りの青年、高校生や親子づれで膨れ上がり、思い思いに楽器を鳴らし、プラスターを掲げ、「戦争したくなくてふるえる」「死にたくないから、殺したくないから戦争法案反対」とコールをしながら、行進しました。

初めてデモに参加した岡崎史佳さん（19）＝学生＝は、「同世代の人が立ち上がってくれてうれしい。戦争しない日本だから平和を守れている」と話しました。

高塚さんは、「まさか、自分がデモをやるなんて。けれど、私みたいな子がデモをやるくらい戦争が近づいていると思うのでこれからも発信できたら」と語りました。

音楽に合わせてコールやスピーチで渋谷の街に行き交う人たちにアピールする「6・14戦争立法反対！渋谷デモ」の参加者（6月14日、東京都渋谷区）

雨の中、戦争法案に反対する学生たちを激励する小林節慶応大学名誉教授（6月5日夜、国会前）

「戦争させない」と、戦争法に反対してデモ行進する SEALDs KANSAI の学生たち（6月 21 日、京都市）

「戦争したくなくてふるえる。」デモをよびかけた高塚さん（右端）と青年たち（6月 26 日、札幌市）

●なまらムカつく

「戦争したくなくてふるえる。」デモ発起人の高塚愛鳥さんらは7月13日、こんどは札幌市の北海道庁前で「強行採決なまら（とても）ムカつく」街頭スピーチを行いました。与党が衆院で強行採決しようとしていることに抗議するもの。フリーターの稲場千夏さん（20）は「武器でつくれる平和はない。そんなお金があるなら、貧しい子どもたちや奨学金で苦しむ学生たちを救ってほしい。多くの人が反対しているのに強行採決しようとしているなんて、国民をバカにするのもいいかげんにして」と怒りをぶつけました。

●平和したくてふるえる

若者たちは終戦記念日の8月15日、札幌市で戦争法案に反対するデモ「平和したくてふるえるDEMO」を開催。途中雨が降るなか500人（主催者発表）が参加しました。「当事者だからふるえてる」「無関心こそ最悪の事態」とコールしながら、ビアガーデンでにぎわう大通公園を一周しました。デモには沖縄や東京から駆けつけた人、大阪やカナダの大学に通う道内出身の学生もいました。

出発前の集会で4人の学生が平和への思いをスピーチ。沖縄県名護市から参加した大学生、小波津義嵩さん（19）は、「平和は政治家がつくるのではなく、僕たちがつくるものです」と発言。デモ中はマイクを握り、コールしました。

休みを利用して帰省中だという福井滉一さん（19）は、北海道江別市出身。大阪の大学に通っています。「戦争に向かおうとしている今の政治をなんとかして変えたい。声をあげ続けて戦争法案を廃案にして、安倍首相には早く辞めてもらいたい」と語りました。

■第4章　学者と弁護士が立つ

(1) 学者が立つ

●学者の会が発足

学者が立ちが上がったのは6月中旬。ネット上で「『戦争する国』へすすむ安全保障関連法案に反対します」とのアピールを公表しました。呼びかけ人は学問各分野の代表的な学者61人。3日後の15日には学者10人で記者会見を開き、学者・研究者の賛同者が既に2678人に上っていることを発表しました。

発起人で事務局代表の佐藤学・学習院大学教授が「予想を超えて賛同者が増えている」「今後も社会的アピールを続ける」と言った通り、アピール公表後わずか1週間で学者・研究者の賛同者は5000人を超え、1カ月後の7月15日には1万人を数えました。

「社会的アピール」のスケールも大きくなっていきました。7月20日に開いた記者会見は学者150人の参加で衆院の強行採決に抗議声明を発表。「廃案まで頑張るぞ」と拳を突き上げました。アピール賛同者は現在も増え続け、11月16日現在、1万4241人にのぼっています。

◎呼びかけ人（敬称略、○は発起人）

青井未帆（学習院大学教授　法学）、○浅倉むつ子（早稲田大学教授　法学）、淡路剛久（立教大学名誉教授・弁護士　民法・環境法）、池内了（名古屋大学名誉教授　宇宙物理学）、石田英敬（東京大学教授　記号学・メディア論）、市野川容孝（東京大学教授　社会学）、伊藤誠（東京大学名誉教授　経済学）、上田誠也（東京大学名誉教授　地球物理学　日本学士院会員）、上野健爾（京都大学名誉教授　数学）、○上野千鶴子（東京大学名誉教授　社会学）、鵜飼哲（一橋大学教授　フランス文学・フランス思想）、○内田樹（神戸女学院大学名誉教授　哲学）、内海愛子（恵泉女学園大学名誉教授　日本－アジア関係論）、宇野重規（東京大学教授　政治思想史）、大澤眞理（東京大学教授　社会政策）、岡野八代（同志社大学教授　西洋政治思想史・フェミニズム理論）、小熊英二（慶應大学教授　歴史社会学）、戒能通厚（早稲田大学名誉教授　法学）、海部宣男（国立天文台名誉教授　天文学）、加藤節（成蹊大学名誉教授　政治哲学）、金子勝（慶応義塾大学教授　財政学）、川本隆史（国際基督教大学教授　社会倫理学）、君島東彦（立命館大学教授　憲法学・平和学）、久保亨（信州大学教授　歴史学）、栗原彬（立教大学名誉教授　政治社会学）、小林節（慶應義塾大学名誉教授　憲法学）、小森陽一（東京大学教授　日本近代文学）、齊藤純一（早稲田大学教授　政治学）、酒井啓子（千葉大学教授　イラク政治研究）、○佐藤学（学習院大学教授　教育学）、島薗進（上智大学教授　宗教学）、杉田敦（法政大学教授　政治学）、高橋哲哉（東京大学教授　哲学）、高山佳奈子（京都大学教授　法学）、千葉眞（国際基督教大学特任教授　政治思想）、中塚明（奈良女子大学名誉教授　日本近代史）、永田和宏（京都大学名誉教授・京都産業大学教授　細胞生物学）、中野晃一（上智大学教授　政治学）、西川潤（早稲田大学名誉教授　国際経済学・開発経済学）、西崎文子（東京大学教授　歴史学）、西谷修（立教大学特任教授　哲学・思想史）、野田正彰（精神病理学者　精神病理学）、浜矩子（同志社大学教授　国際経済）、樋口陽一（憲法学者　法学　日本学士院会員）、広田照幸（日本大学教授　教育学）、○廣渡清吾（専修大学教授　法学　日本学術会議前会長）、堀尾輝久（東京大学名誉教授　教育学）、○益川敏英（京都大学名誉教授　物理学　ノーベル賞受賞者）、○間宮陽介（青山学院大学特任教授　経済学）、三島憲一（大阪大学名誉教授　哲学・思想史）、水島朝穂（早稲田大学教授　憲法学）、水野和夫（日本大学教授　経済学）、宮本憲一（大阪市立大学名誉教授　経済学）、宮本久雄（東京大学名誉教授・純心大学教授　哲学）、山口二郎（法政大学教授　政治学）、山室信一（京都大学教授　政治学）、横湯園子（前中央大学教授・元北海道大学教授　臨床心理学）、吉岡斉（九州大学教授　科学史）、吉田裕（一橋大学教授　日本史）、鷲谷いづみ（中央大学教授　保全生態学）、渡辺治（一橋大学名誉教授　政治学・憲法学）、和田春樹（東京大学名誉教授　歴史学）

（2）弁護士が立つ

●日弁連、「違憲」の意見書採択

戦争法案に反対して弁護士が本気で立ち上がりました。

日本で活動する弁護士全員が加入を義務付けられる日本弁護士連合会（日弁連、村越進会長）は、安倍政権が集団的自衛権の行使を容認する憲法解釈を閣議決定した２０１４年7月1日に、同閣議決定に抗議し撤回を求める会長声明を発表。同年9月18日には、集団的自衛権の行使容認等に係る閣議決定にたいする意見書を発表しました。

全国に52ある各地の弁護士会で、集団的自衛権と日本国憲法を考える集会や学習会が繰り返し開かれ、街頭宣伝も取り組まれました。

２０１５年5月14日の戦争法案（安全保障法案）の閣議決定、7月16日の衆院本会議での戦争法案採決強行などの節目ごとに日弁連として声明や意見書を発表。8月26日までには、全国52の弁護士会すべてが安全保障法制に反対する声明などを公表するにいたりました。各地の弁護士会が呼びかける集会やデモが広がりました。

●「あすわか」奮闘

会員450人を超える「明日の自由を守る若手弁護士の会」（略称、あすわか）の活躍も光りました。お茶やデザートを共にしながら、若手弁護士と戦争法案や自民党の改憲草案を考える「憲法カフェ」は、気楽でおしゃれな形が人気で、連日、大盛況でした。

あすわか事務局によると「ここ数カ月、毎日1回はどこかで必ずあすわかの弁護士が憲法カフェを開催していた」といいます。子育て世代のママたちが「カフェ」で学び、行動しました。

また、SNSでの連日の情報発信も話題を呼びました。

戦争法案が衆院特別委員会を通過した7月15日に書かれた「まだまだ阻止できます☆」は、フェイスブックで42万9000人に拡散しました。

記事は「対抗手段は、とにかく問題点を広く知らせ、反対意見をあらゆる方法でアピールし続けて、会期内に参院で通させないこと」と訴え、運動を励ましました。

安全保障関連法案に反対する「学者の会」の記者会見（6月15日）

記者会見でプラカードを掲げる学者や法曹関係者各氏（6月26日、東京都千代田区の弁護士会館）

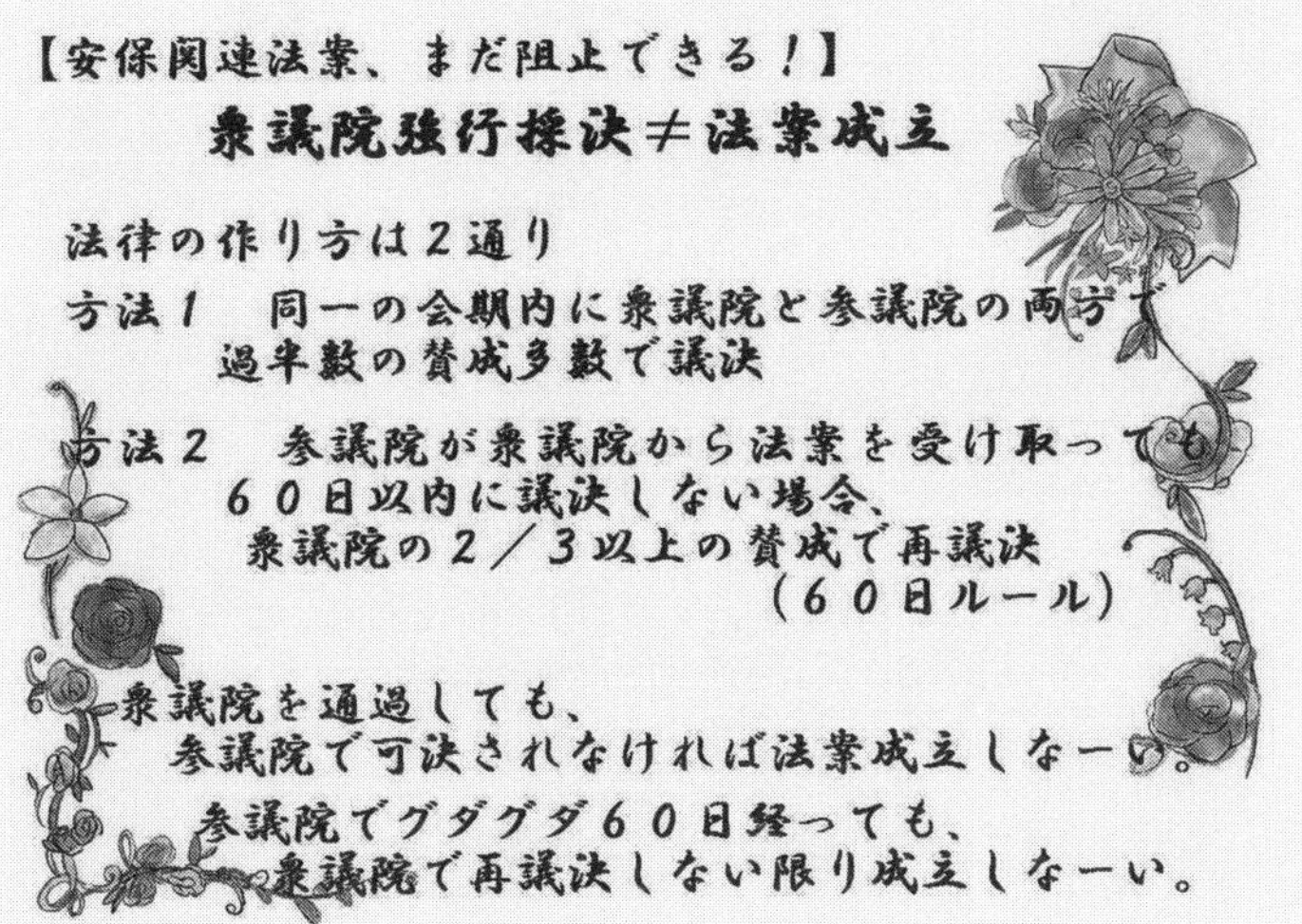

SNSで情報発信する「あすわか」の「安保関連法案まだまだ阻止できます☆」

■第5章　戦後最長の会期延長

（1）自公、戦後最長の会期延長強行／野党5党首一致して反対

自民、公明両党は通常国会会期末（6月24日）を目前に控えた22日夜、戦争法案の成立のために国会会期を9月27日まで95日間延長することを提案し、同日の衆院本会議で与党の賛成多数で採決を強行しました。通常国会の延期幅としては戦後最長です。採決では、日本共産党、維新の党が反対を表明。日本共産党からは塩川鉄也議員が反対討論に立ちました。民主党、生活の党、社民党は本会議を欠席しました。

衆院本会議に先立って、日本共産党の志位和夫委員長、民主党の岡田克也代表、維新の党の松野頼久代表、生活の党の小沢一郎代表、社民党の吉田忠智党首らが国会内で会談し、5党一致して会期延長に反対することを確認しました。

志位氏は席上、「仮に延長が強行された場合でも、圧倒的な国民の世論で（戦争法案の）強行はできない状況をつくることが大切だと思います」と強調しました。

「こんな長い会期延長は考えられない」（民主・岡田氏）、「議会に対して大変失礼な話だ」（維新・松野氏）などとして、各党がそろって反対しました。

会談後、志位氏は記者団に対して「もともと会期制というのは、多数党の横暴を抑制し、少数意見を保護するためにもうけられているものです。150日間の（通常国会の）会期を95日間、史上最長の延長をするのは、議会制民主主義のルールを壊すもので、乱暴きわまるやり方です」と厳しく批判しました。

（2）国会前に3万人

会期延長が強行された2日後の6月24日夜、国会周辺で「戦争法案今すぐ廃案」「安倍政権は今すぐ退陣」のコールが響きました。14日に続いておこなわれた国会包囲行動です。3万人（主催者発表）が参加。法案が国会に提出されてから最大規模を更新しました。

午後6時半、大音響のコールが始まりました。仕事帰りでビジネスバッグを持った男性は「初めて来た。安倍さんのやり方はあまりにひどい。リーダーの資格はない」。孫を抱いて真剣なまなざしでスピーチに聞き入っていた女性も初参加です。

日本共産党から志位委員長をはじめ衆参両院議員20人が参加。志位氏が「5割から6割の反対の声を、7割、8割へと圧倒的多数にし、国民の世論と運動で採決強行ができない、法案を撤回するしかない状況に追い込もう」と訴えると、「そうだ」の声と拍手がわき起こりました。

民主、社民、生活の各党国会議員がスピーチ。作家の澤地久枝さんや雨宮処凛さん、日本弁護士連合会の山岸良太・憲法問題対策本部長代行らがスピーチしました。主催は「総がかり行動実行委員会」。

（3）元法制局長官「違憲」「逸脱」／戦争法案で明言

会期延長以降、元内閣法制局長官から法案への強い批判があがり続けました。

会期延長が強行された22日は、衆院安保法制特別委員会で5人の参考人を迎えて質疑が行われました。宮崎礼壹、阪田雅裕両元内閣法制局長官、小林節慶応大学名誉教授が法案について「違憲」あるいは「従来の政府見解の範囲内とはいえない」と主張。憲法学者に加え、内閣の憲法解釈の中心を担った元法制局長官からも「違憲」宣告を突きつけられ、法案の違憲性がますます明白になりました。

宮崎元長官は、集団的自衛権の行使が憲法9条のもとで許されないという見解の積み上げは四十数年に達し、これを覆す法案を国会に提出するのは「法的安定性を政府自ら破壊するものだ」と批判。集団的自衛権を禁じた1972年政府見解にある「外国の武力攻撃」を「（日本以外の）外国に対する武力攻撃」を含むと強弁するのは「黒を白と言いくるめるもの」と糾弾しました。

また政府が歯止めとする新3要件(注)について、ホルムズ海峡の機雷封鎖や米軍の存在がわが国の死活的利益だとする大臣答弁をみれば「なんら歯止めになっていないことは明らかだ」と強調。「集団的自衛権の行使容認は、限定的と称するものも含めて従来の政府見解とは相いれない。これを内容とする今回の法案部分は憲法9条に違反し、すみやかに撤回されるべきだ」と主張しました。

阪田元長官は、昨年の「閣議決定」について「解釈の変更がなぜ必要なのか、いったい何がどのように変わったのかは理解できない」と疑問を提起。さらに「本当に集団的自衛権が限定されているか」として、ホルムズ海峡の機雷封鎖をはじめ「中東有事にまで出番があるとすると、到底従来の枠内とはいえない」

として法案に対する強い違憲の疑いを示しました。

小林氏は法案を「憲法に違反し、政策的にも愚かだ」と指摘。安倍首相が「従来の憲法解釈に固執するのは責任放棄だ」と述べたのに対し、「法の支配に対する人治主義、中世の独裁政治に向かう宣言に等しい」と批判しました。

森本敏元防衛相、西修駒沢大学名誉教授も参考人として出席しました。

(注)「新3要件」

○わが国に対する武力攻撃が発生した場合のみならず、わが国と密接な関係にある他国に対する武力攻撃が発生し、これによりわが国の存立が脅かされ、国民の生命、自由及び幸福追求の権利が根底から覆される明白な危険がある

○これを排除し、わが国の存立を全うし、国民を守るために他に適当な手段がない

○必要最小限度の実力を行使する

(4) 国民世論に挑戦

●地方議会から「反対」「慎重審議」の意見書

戦争法案の国会提出後に、「反対」や「慎重審議」などを求める意見書を可決した地方議会が6月19日までに、30道府県の116議会に達しました。7月11日の時点では、反対」「廃案」「撤回」「今国会成立見送り」を求める意見書を可決した議会は125に急増しました。意見書可決の議会がもっとも多いのは長野県の49、次いで北海道の27。県議会でも可決した岩手県では13議会、三重県では12議会でした。

●内閣支持率が初めて逆転

毎日新聞の世論調査（7月4、5両日実施）で安倍内閣の不支持率が43％となり、第2次安倍政権発足（2012年12月）後、初めて不支持が支持を上回りました。支持率は前回5月調査から3ポイント減の42％。不支持率は前回比7ポイント増。

安保関連法案（戦争法案）について国民への説明は「不十分だ」が81％を占め、法案の今国会成立「反対」も61％に達し、「賛成」28％を大きく上回りました。

読売新聞世論調査（3～5日実施）の安倍内閣支持率は6月調査から4ポイント減の49％になりました。支持率が5割を割り込んだのは昨年12月の第3次安倍内閣発足直後（49％）以来。不支持率は40％（同4ポイント増）でした。

（5）強行採決へ情勢緊迫

自民党の谷垣禎一、公明党の井上義久両幹事長は7月1日、東京都内のホテルで会談し、「7月15日ごろ」の採決をめざす方針を確認しました。情勢の緊迫を受けて、廃案を求める行動はいちだんと熱を帯び、「赤旗」が全国のネットワークを通じて8日現在の状況を調べたところ、10日から31日までに全国で計画されている集会、デモ、パレード、講演会、学習会、宣伝などは、わかっただけでも270を超えていました。

●SEALDsの国会正門前行動1万5000人

7月10日夜、SEALDsが続けている毎週金曜日の国会正門前行動の参加者が、初めて1万人を超え、1万5000人が集まりました。スーツ姿のサラリーマン、子連れの親子など幅広い層が訪れました。初めて行動に参加した千葉県君津市の栗田采奈(あやな)さん(21)は、「戦争はいや。行動するのは苦手だけど、いいかげん行動しないと何も変わらないと気付きました」と話しました。同じく初めて参加した千葉市の専門学校の増田敏生さん(21)は、「行動した方が、身近な人にも戦争法案反対だと伝えやすくなると思って来ました。この法案が通れば、周辺国との関係も悪化し、日本の安全が損なわれる。納得できません」。

●SEALDs KANSAIもデモ・街宣

同じ10日夜、SEALDs KANSAI(シールズ関西)は京都市内の繁華街・四条河原町交差点(下京区)で戦争法案反対を訴える初の街頭宣伝を行いました。大学生らの訴えに、通りかかった学生や買い物客ら約300人が聞き入りました。大学2年生の大澤茉実さん(21)は、「血の通った政治とは、路傍に上がった声を無視した一方通行のおしゃべりではない。私は戦争が始まると殺し殺されねばならない一人として声をあげます。これ以上、命をばかにした政治はやめてもらいたい」。

7月12日には、10代から40代の市民でつくるSADL(サドル=民主主義と生活を守る有志)が大阪市内で廃案を求める緊急アピールを実施。600人が集まり、1時間半で2000枚のビラを配布しました。

(6) 歴代弁護士会会長が動く

衆院での強行採決を前後して、弁護士会の歴代会長による声明や宣伝行動が全国に広がりました。

1万5000人が集まったSEALDsの国会正門前行動（7月10日夜）

SEALDs KANSAIが京都市内の四条河原町交差点で戦争法案反対を訴える初の街頭宣伝（7月10日夜）

仙台弁護士会歴代会長有志27人が法案に反対する声明（6月22日）
仙台弁護士会現会長・岩渕健彦氏を含む歴代会長13人が市内の街頭で法案廃案を訴え（6月24日）
千葉県弁護士会の歴代会長有志30人が法案に反対し廃案を求める共同のアピール（7月1日）
千葉県弁護士会が千葉市内で法案に反対し廃案を求める街頭宣伝。歴代会長6人が参加（7月7日）
京都弁護士会の歴代会長有志24人が法案は認められないとする声明（7月7日）
栃木県弁護士会の歴代会長有志22人が法案に反対する共同声明（7月8日）
新潟県弁護士会の歴代会長・副会長らの有志が法案制定に断固反対する声明。会長経験者31人中25人（8割）、副会長経験者も含めて103人中67人の弁護士が声明に賛同（7月10日）
栃木県弁護士会が宇都宮市内で宣伝・署名活動。県弁護士会の歴代会長有志22人の共同声明に呼応した行動。歴代会長の一人が訴え（7月11日）
京都弁護士会の歴代会長らが法案を阻止しようと京都市内で宣伝。元会長7人、現会長を含む34人の弁護士が参加（7月13日）
福岡県弁護士会の歴代会長が法案の廃案を求める声明を発表。歴代会長連名での声明は戦後、現在の県弁護士会となって初めて。存命の歴代会長26人のうち20人が名を連ねた（7月14日）
埼玉弁護士会の歴代会長有志が法案に反対する声明。会長経験者29人中27人の連名（7月15日）
長野県弁護士会の歴代会長有志27人が法案の撤回・廃案を求める緊急声明。高橋聖明現会長をはじめ歴代会長のほとんどが加わる（7月15日）
東京弁護士会の現職と歴代の会長経験者24人が連名で法案の撤回・廃案を強く求める声明（7月15日）
鳥取県弁護士会の歴代会長16人が法案の衆議院強行採決に抗議し、廃案を求める声明（7月21日）

岡山弁護士会の歴代会長有志27人が法案の衆院強行採決に抗議する声明。歴代会長有志が声明を出すのは初めて（7月22日）

群馬弁護士会の歴代会長有志が法案の撤回と廃案を求める声明。歴代会長の声明は群馬弁護士会初。存命の歴代会長30人のうち現職の橋爪健会長を含む20人が賛同（7月27日）

山梨県弁護士会の歴代会長有志が法案の衆院強行採決に抗議する緊急声明。存命の歴代会長32人のうちの25人が賛同（7月29日）

大阪弁護士会の歴代会長有志が速やかに廃案にすることを求める緊急声明（8月8日）

栃木県弁護士会が宇都宮市内で法案の廃案を訴える宣伝。歴代会長有志22人の一人で、県内最高齢の現役弁護士・石川浩三氏（91）、若狭昌稔会長らがリレートーク（8月16日）

法曹界の代表と学者ら３００人以上が参加し、東京都千代田区の弁護士会館で開かれた合同記者会見に、元内閣法制局長官、日本弁護士連合会の歴代会長、各学界の研究者らが列席（8月26日）

富山県弁護士会の歴代会長有志が法案に反対する声明。現役弁護士の会長経験者29人のうち20人が賛同（8月27日）

横浜弁護士会の歴代会長有志が法案の廃案を求める声明文。歴代会長で弁護士名簿に現在も登録がある30氏のうち20氏が賛同（8月27日）

静岡県弁護士会歴代会長有志23人が法案の廃案を求める声明。歴代会長有志の声明は県弁護士会初（8月30日）

青森県弁護士会が青森市内で法案の廃案を求めるリレートーク集会・街頭署名行動。現会長の竹本真紀氏をはじめ9人の歴代会長、東北弁護士会連合会長の宮本多可夫氏がマイクを握った（9月5日）

熊本県弁護士会の歴代会長有志が法案に反対する声明。歴代会長の共同声明は県弁護士会初。28人中23人の歴代会長が賛同（9月7日）
秋田弁護士会の歴代会長26人（京野垂日現会長含む）が連名で法案に反対し廃案を求める声明（9月14日）
香川県弁護士会の馬場基尚会長を含む歴代会長17人が法案の廃案を求める声明（9月14日）

（7）野党が動く

●日弁連集会に5野党党首ら／「採決せず廃案に」／日弁連会長が決意表明

日本弁護士連合会（日弁連）が7月9日、国会内で2回目の学習会を開きました。同法案の衆院採決をめぐり緊迫するなか、日本共産党、民主党、維新の党、社民党、生活の党の党首、幹部が駆けつけ、あいさつ。日弁連が取り組んできた、請願署名の追加分が各党に手渡されました。学習会には、野党5党から国会議員35人が出席しました。

日弁連の村越進会長は、「国民の意見に背を向け、国会の数の論理だけで（法案を）押し切ることになれば、無理が通れば道理が引っ込む世界になってしまう。安保法案は採決することなく、いったん廃案にすべきだ」と述べ、日弁連として法案阻止に全力をつくす決意を表明しました。

日本共産党から志位委員長があいさつし、「憲法違反の法律は、どんなに審議時間を重ねても合憲にはならない。廃案・撤回を強く求めたい」と表明。国民の大多数が違憲と考え、反対している法案を与党が数の力で押し切ることは「憲法9条に反するだけでなく、国民主権の大原則に反する」と指摘しました。

民主党の岡田代表は「国民の声で、このとんでもない法案を阻止する。そのために力をかしていただきたい」と発言。社民党の吉田党首は「戦争法案の廃案に向けて全力をあげていく」と述べました。

生活の党の主濱副代表、維新の党の柿沢未途幹事長があいさつしました。学習会では、長谷部恭男・早稲田大学法学学術院教授、那須弘平・元最高裁判所判事が特別講演しました。

●強引な採決反対／野党5党が党首会談

日本共産党、民主党、維新の党、社民党、生活の党の野党5党の党首が7月10日、国会内で会談し、野党5党が一致して強引な採決に反対することを確認しました。状況に応じて、随時、協力し行動していくことも確認されました。会談で日本共産党の志位委員長は「今度の法案は、『戦闘地域』での兵たん、集団的自衛権など憲法違反は明瞭です。国民の5割以上が『憲法違反』、8割が『政府の説明は不十分』とのべているもとで、私たちは即時廃案、撤回すべきという立場です」と表明しました。

その上で「各党の立場はそれぞれありますが、ここは野党が一致協力して、行動することが大事です。『強引な採決に反対する』という一点で、一致することが重要です」と提起しました。民主党の岡田代表は「強引な採決には反対だ。5党党首で随時会談し、連携を保っていきましょう」と語りました。

会談後、志位委員長は記者団から今後の対応について問われ、「いろいろな局面で、5党の党首会談を随時開き、相手の出方に応じてさまざまな行動、できる限り協力した行動をしていこうと確認しました」と語りました。

（8）大学人が動く

戦争法案に反対する声が大学の中からも沸き上がりました。教職員と学生が大学ごとに声をあげました。

●東大集会

口火を切ったのは東京大学でした。7月10日、東京大学駒場キャンパスで「安保法案　東京大学緊急抗議集会」が開かれました。「強行採決絶対反対」と書かれた横断幕を掲げた会場は、300人の参加者でいっぱいになりました。参加した大学人からは「画期的」「前代未聞」と称賛の声が相次ぎ、主催者の同大学生は「今の政治が続いたら、ぼくたちの子どもがおとなになったときに、〝闇〟の時代になる」と危機感を表明しました。主催は同大学の学生・大学院生と教員が参加する「安保法案　東京大学人緊急抗議集会」実行委員会でした。

この集会の特徴は、学生が主体の取り組みであったことです。6月の下旬に学生から教員に「法案に反対する集会をやりたいという提案」がありました。教員側はそれを受けて学生が主導で、教員が援助するという立場で取り組みを進めました。「日本の政治に対してどういう風に自覚して行動していくかを考える機会にしたいと思い、集会をしていこうと思いました」と、その思いを学生は語りました。学生たちの主権者としての自覚に基づいた集会だったのです。

もう一つの特徴は、取り組みが短期間に広がったことです。6月29日に企画を決定し、戦争法案に反対する「アピール」をウェブ上に公表しました。集会当日までに高畑勲（映画監督）、茂木健一郎（脳科学者）、古賀茂明（元経産相官僚）など著名人を含む572人に賛同が広がりました。背景に大学人の危機意識の共有があります。安倍政権が教授会の権限を強める学校教育法の改定をし、大学での軍事研究を進めようとしていることに主催者の一人、市野川容孝東大教授は、「安倍政権の姿勢に多くの大学人が危機感をもっている」といいました。

学生の主権者としての立ち上がりと大学人の学問や大学の存在にかかわる危機感が集会を大きく成功させました。

●京都大学での緊急シンポジウム

東大集会から4日後の14日、京都大学で「7・14緊急シンポジウム#本当に止める」が開かれ、会場には立ち見が出る600人がつどいました。「安全保障関連法案に反対する学者の会」と「SEALDs KANSAI」の共催でした。シンポジウムを発案した西牟田祐二京大教授は、過去の学生運動の経験から学生と学者が対立しては「権力の思うつぼ」だといいます。「両者の共同は広範な階層の接着剤になりうる」と指摘します。それに応えるように、シンポジウムで塩田潤さん（神戸大学大学院修士2年）は「日本の知性を代表する学者の方と共同できたことは本当に力になる。その知性を学びながら運動を広げていきたい」と発言しました。このような「学者の会」とSEALDsの共同行動は、この後、多彩な取り組みとして各地で展開していきます。

京大ではシンポジウムに先立つ7月2日に「自由と平和のための京大有志の会」が発足していました。「戦争は防衛を名目に始まる」ではじまる詩の形式の声明文は、全国各地の集会でも活用されました。「京大人の洞察が凝縮されている」というこの声明文は、戦争法の成立直後、「憲法を貶めた法律を葬り去る作業のはじまり」「人の生命を軽んじ、人の尊厳を踏みにじる独裁政治の終わりのはじまり」と語りかける「あしたのための声明書」へと発展します。

戦争法案に反対して開かれた東京大学人緊急抗議集会（7月10日、東京都目黒区の東大駒場キャンパス）

会場いっぱいの参加者で熱気に包まれる「7・14緊急シンポジウム」（7月14日、京都市の京都大学）

■第6章　アベ政治を許さない　自公が衆院で強行採決

（1）緊迫する国会内外

自民・公明の与党は、戦争法案の廃案を求める世論に挑戦して、7月15日に衆院特別委員会で強行採決し、続いて翌16日には衆院本会議でも強行採決しました。廃案を求める声と運動は、さらに拡大します。

●野音集会に2万人余　野党4党の代表が参加

強行採決前日の14日夜、採決強行反対と法案の廃案を求める「総がかり行動実行委員会」の大集会が東京・日比谷野外音楽堂で開かれ、2万人（主催者発表）を超える人が駆けつけました。会場に入りきれない人が長蛇の列をつくり、集会途中から、「安倍政治を許さない」と書いたプラカードを持って、「〝戦争する国〟絶対反対」とコールしながら、国会に向けて怒りのデモ行進をしました。

集会最後の行動提起で、「2万を超える人たちは廃案を求める全国の民衆を代表しています。それを確信にして、今日をスタートに明日から国会前座り込みと、全国のたたかいで廃案の意思を与党に示そう」と呼びかけました。会場から「ウォー」という大歓声が沸き起こりました。

「安全保障関連法案に反対する学者の会」の佐藤学氏、作家の落合恵子氏、真宗大谷派東本願寺の寺田正寛氏、日本弁護士連合会の山岸良太・憲法問題対策本部長代行がゲストスピーチしました。

佐藤氏は、「殺し、殺される環境に日本人を出すわけにはいかない。こんな時代を迎えるために学び、たたかってきたわけじゃない。廃案にするまでともにがんばろう」と訴えました。寺田氏は「法案廃案に、宗門あげてみなさんとともにがんばります」と発言。山岸氏は「憲法違反の法案を廃案にするため全力をつくしましょう」と呼びかけました。

日本共産党の衆参国会議員14人が登壇し、代表して山下芳生書記局長（参院議員）があいさつ。民主党の枝野幸男幹事長、社民党の福島瑞穂副党首、生活の党の主濱了副代表があいさつしました。

プレ企画では、アイドルグループ「制服向上委員会」が憲法9条の大切さを歌った「第九」などを熱唱。「強行採決絶対反対！」のコールに会場も一体となりました。

衆院議員面会所では、共産、民主、社民の議員がデモ隊を出迎え、エールを交換しました。

●野党5党首　政府案の採決を認めないことで一致

自民、公明両党は7月15日の衆院安保法制特別委員会で、強行採決しました。安倍首相自身が同日の特別委員会で「国民の理解が得られていないのは事実だ」と認めるなか、一方的な質疑打ち切りに野党が強く抗議するもとで行われた大暴挙です。

「審議はつくされていない」。特別委員会で最後の質問者となった日本共産党の赤嶺政賢議員は、審議継続を求める動議を提出しました。採決で動議は否決され、浜田靖一委員長（自民）が質疑終局を一方的に宣言。共産、民主の議員が強く抗議し、維新の議員が退席するなか、与党が単独で採決に踏み切り、委員会室は騒然となりました。
日本共産党は採決直後に緊急の国会議員団総会を開催。志位和夫委員長が「満身の怒りをこめて抗議する」と表明。「強行採決は国民の空前のたたかいに追いつめられた結果だ。国民のたたかい、世論を高めに高めて、戦後最悪の違憲立法を廃案に追い込むために頑張りぬく」と決意を語りました。
共産党、民主党、維新の党、生活の党、社民党の野党5党の党首は同日、国会内で会談し、委員会での強行採決を認めない立場で本会議採決に参加しないことを一致して確認しました。共産、民主、維新、社民の各党は本会議の討論で反対の意思を表明したうえで、採決時に退席する方針を確認しました。
会談で日本共産党の志位和夫委員長は「政府案の採決を認めないことで、5党が一致したことは重要です。先週の党首会談（10日）で確認した『強引な採決に反対する』という合意を5党が守って行動してきたことは重要です。今後も連携していくことを確認したい」と発言しました。

●戦争法案強行7・15ドキュメント

8・40 衆院安保法制特別委員会の理事会が開かれる。与党は戦争法案の質疑終局を提案。日本共産党と民主党は反対。

9・00 安保法制特別委員会が開会。安倍晋三首相出席のもと締めくくり質疑が始まる。国会正門前では、市民ら300人が緊急集会を開き「強行採決するな」との声を上げた。緊急集会後、座り込みを続ける参加者。

10・00 特別委で安倍首相が戦争法案について「残念ながら国民の理解は進んでいない」と認める答弁。

10・47 民主党の辻元清美議員が浜田靖一委員長に対し、陸上自衛隊イラク派兵時の実態を記録した資料＝「行動史」が黒塗りで隠されるなかで採決すべきではないと要求。浜田委員長は目をつぶり腕組み。

11・30 国会正門前で国会見学に訪れていた小学生から「戦争反対」とコール。

11・40 赤嶺政賢議員が質問に立つ。

12・10 赤嶺議員が質疑継続を求める動議を提出。与党議員が反対し否決される。

12・12 浜田委員長が質疑終局を発議し、与党の賛成多数で可決。

12・24 野党議員が強く抗議し議場内が騒然とするなか、浜田委員長は戦争法案の採決を強行し可決。

12・30 国会正門前。採決強行が伝えられ、参加者から「ふざけるな」「許さないぞ」の声が上がり、「強行採決絶対反対！」の大コール。

12・30 議場から出た浜田委員長は戦争法案について「法律を10本も束ねたというのはいかがなものか」と記者団に語る。民主党・長妻昭副代表は「数限りない論点が生煮えだ。将来に禍根を残す」。

12・31 日本共産党が緊急に国会議員団総会を開く。戦争法案廃案に向けて「ガンバロー」との声をあげる。

12・37 志位和夫委員長が記者会見し「国民主権をじゅうりんする暴挙だ」と批判。

13・00 国会正門前で「総がかり行動実行委」が呼びかける抗議行動。２３００人以上が集まり怒りのコール。山下芳生書記局長が「廃案を迫って空前に広がる国民運動に追いつめられた採決。さらに、たたかいを広げて、国民の力で天下の悪法を廃案にしよう」とあいさつ。

14・30 衆院議院運営委員会理事会が開かれ、戦争法案採決にむけ、林幹雄委員長が職権で16日に本会議を開くことを決める。

15・00 野党5党首会談が開かれる。本会議での戦争法案採決を認めず、今後も連携することなどで一致。

18・00 東京・新宿駅西口で共産党が緊急街頭演説。小池晃参院議員らが訴える。

18・30 国会正門前で大集会。日本共産党の志位和夫委員長、民主党の岡田克也代表、社民党の吉田忠智党首がスピーチ。

20・00 国会正門前でのSEALDsの抗議行動で志位委員長がスピーチ。

●国会前連続抗議　民主・岡田代表がスピーチ

7月15日、国会周辺は、「採決するな」の緊急早朝行動から採決強行後の夜の国会正門前大集会まで終日、廃案を求める怒りの声で包まれました。3日間連続抗議の初日です。

午後6時半からの大集会は「総がかり行動実行委」とSEALDsが初めて一緒に呼びかけました。青年・学生、女性、年配の人たちが世代を超えてひとつになってコール。SEALDsは「国民なめんな」「民主主義ってなんだ」「言うこと聞かせる番だおれたちが」「安倍はやめろ」と唱和しました。

「安倍首相が間違っているから初めて国会に来た。来てよかった」（専修大学1年生）など、続々と詰めかける列は続き、法案提出後最大規模の6万人余（主催者発表）に膨れあがりました。

野党党首がスピーチ。日本共産党の志位和夫委員長は「強行採決は国民の空前のたたかいに追い込まれたものだ。若者、女性、年配の人、研究者が理性の声をあげている。たたかいはこれからだ。理性の声を総結集して必ず廃案に追い込もう」と訴えると、「そうだ」の歓声と拍手が沸き起こりました。

民主党の岡田克也代表は、「これからが本当のたたかいの始まり。しっかりたたかいぬいて廃案に」と訴えました。社民党の吉田忠智党首も訴えました。

SEALDsの奥田愛基さんは「おじいちゃん、おばあちゃん、お父さん、妹の世代がいっしょに声を上げていることに希望をもちたい。戦後100年間、戦争してこなかったと祝いの鐘をならしたい」と話すと、年配の世代からも「そうだ」と声がかかりました。

16日も終日、国会正門前で抗議行動が繰り広げられました。

台風の影響で激しい雨も降るなか、午後2時7分すぎに本会議での強行採決が知らされると、2000人の参加者から「戦争法案絶対反対」「安倍政権は今すぐ退陣」と怒りのコールがわき起こりました。夜に行われた国会正門前大集会は、数万人の規模になりました。

3日間連続した国会行動は最終日の17日も、昼間の座り込み行動から夜の大集会まで、大勢の老若男女が「みんなの力で廃案、廃案」と心ひとつにコールしました。午後7時半に2万人超えが発表され、その後も増え続けました。

●この夏できること全部やる。／戦争法案廃案へ 若者熱気／「民主主義ってこれだ」

戦争法案の強行採決に反対し、必ず廃案にしようと15日から17日までの3日間、国会正門前でおこなわれた夜の連続緊急抗議行動。抗議行動初体験の人を含む多くの若者が各地から参加して、声をあげました。

(土田千恵記者、前田智也記者)

◇

国会正門前での行動は、総がかり行動実行委員会とSEALDsが協力して呼びかけました。SEALDsは、午後7時半以降の抗議を担当しました。

《**民主主義**》

衆院安保法制特別委員会で強行採決された15日。委員会を傍聴し、強行採決の瞬間を目の当たりにした東京都新宿区に住む大学生、松阪充訓さん（23）が強い口調で語ります。「本当に許せない。議論はまったく進んでいないし、議会制民主主義の否定だと感じました」

大学生をはじめ、学生服を着た高校生、子どもを連れたパパ・ママがいます。マイクを持ったコーラーと参加者の掛け合い「『民主主義ってなんだ』『これだ』」が夜遅くまで響き、「なんか自民党感じ悪いよね」「アベはやめろ」のコールもありました。

《**全力あげ**》

野党の国会議員も参加しました。日本共産党の志位和夫委員長は、戦争法案阻止のたたかいは「これまでのどのたたかいよりも、広く深い、空前のたたかいになっていると思います。若い人がその先頭にたっている。ここに日本の未来がある」とスピーチしました。

「抗議行動というものに初めて参加した」という東京都北区の高校生、井上恵理子さん（17）は「解釈で憲法を変えて、強引に法案を通すなんて許せない。反対するのは当たり前です」と話します。

行動には、多くの学者や著名人、アーティストの姿もありました。少し後方でコールしていた、松田チャーベ岳二さん。バンド、DJ、音楽制作など、多方面で活躍しているアーティストです。「私も頭数になりにきました。若い人がスピーチする姿を見て涙が出てきます。僕も気持ちは一緒。一人の国民として、戦争法案を廃案にするために全力を尽くしたい」

《**声あげて**》

札幌市で「戦争したくなくてふるえる。」デモを呼びかけた高塚愛鳥さんがスピーチしました。

「無関心ってすごい怖いことだと思うから、誰かが声をあげなきゃと思って私が声をあげました。声をあげたら、バカだからしゃしゃるなとか、ギャルだから何も考えてないからとか、いろんな誹謗中傷が来たけど、私はここに立っています」

高塚さんは「当事者だからふるえてる」とコールしました。

SEALDsメンバーの本間信和さんがマイクで呼びかけます。

「時間がたったら（国民は）忘れるとかいってる人たちがいますけど、ふざけんなって話ですよ。これだけの人が集まっていますよ。声をあげていきましょう。この夏にできることは全部やりましょう」

（2）高校生も「声を聞け」／広がる批判

●国会前の高校生たち／〝若いからこそ当事者〟

戦争法案が衆院特別委員会で強行採決された15日夜、国会前で抗議の声を上げる高校生たちの姿がありました。「若いからこそ当事者」「受験勉強中だけど、声を上げたくて来た」と語る、10代の思いを聞きました。

「戦争立法絶対反対！」と声を上げ続けるあいねさん（16）＝東京都江東区＝は語ります。「戦争法案が通ったら、私たちは戦争にかかわる時間も、受けるリスクもより長く大きい。若いからこそ当事者だと思うんです」

7月初旬、「戦争に行かされるのは若者。戦争で大切な日常をつぶされるなんてイヤだ！」と、高校生で戦争法案に反対する「Ｔｅｅｎｓ Ｓｏｗｌ（ティーンズ ソウル）」を結成。今回はデモやインターネットで知り合った10人ほどの高校生とともに参加しました。「戦争はイヤです。これからは自分たちでデモや、勉強会の企画をするなど、行動したい」といいます。

《「僕も何かしたくて」》

「Ｔｅｅｎｓ Ｓｏｗｌ」の仲間、千葉県船橋市の條大樹さん（16）は「自衛隊で死ぬ人が増え、国民がテロにあうリスクも増す戦争法案には反対です」と話します。「ずっと反対だったけど、どこか人ごとでした。友人に連れられてデモに来たら、意識が変わった。大学生たちはかっこよくて、同じ高校生もいて、僕も何かしたいと思った。かっこいいデモを企画して、一人でも多くの高校生に興味を持ってほしい」

神奈川県逗子市などから、友人6人で参加した吉田遙大さん（17）は、「子どもの貧困が広がる中で憲法を壊したら、貧しい子どもが戦争に駆り出されることにつながる。若者には政治は早い、などという人もいるけど、これから世界をつくるのは若者です。この法案は間違っているとしか思えないから、反対します」と話します。

《受験勉強中でも参加》

受験勉強で忙しい中、「それでも国会前に行かないと！」と、塾の後に駆けつけたのは、横浜市に住む女子高校生のＭ・Ｔさん（17）です。「家にいたら、反対と思っていないのと同じだと思うので来ました。日本は戦争放棄の憲法を使って、世界を平和な方向に引っ張ってほしい。行動する大学生たちはかっこいいです。いま3年生ですが、大学に入学したら私も参加したい」

埼玉県所沢市の女子高生、はるさん（16）は、翌日早朝から部活でしたが、「解釈で改憲をするなんて、中学校の義務教育でも、いけないことがわかる。ここで止めないとさらに暴走がエスカレートしそう」と強い危機感をもち、初めて行動に駆けつけました。「高校生は政治の問題を考えるのに早くないと思います。逆に今しかない。私はおとなになったとき、日本に住みたくないと思いたくないし、後悔したくない。思ってるだけでは何も動かないから、今日ここにきました」

●高校生ら5000人　渋谷デモ

高校生たちは8月2日、東京・渋谷の繁華街で初めてデモを行いました。大学生や社会人など幅広い世代が参加。飛び入りによる参加で隊列は大きくのび、5000人（主催者発表）が「戦争法案絶対反対」「とりま（とりあえず）廃案」「一緒に止める」「裸の王様だれだ?」「アベだ!」と、軽快な音楽にあわせてコールしました。主催したのは、T－ns Sowlです。

沿道から多くの注目を集め、リズムに合わせてこぶしをあげる人、大きく手を振る人、ビラ配りのスタッフに近づきビラをもらっていく人が相次ぎました。

沿道では、「同じ高校生がこんなことをするのはすごい。僕も戦争はしたくない」といってデモにずっとついていく3年生の男子高校生も。ビラを受け取った1年生の女子高校生は、「法律が変わったら戦場に行くのは私たち。同年代の行動は心に響く。私もこの問題を考えてみようと思いました」と語りました。

●強行採決〝数の暴挙〟／地方紙が批判

戦争法案が自民、公明によって衆院の安保法制特別委員会と本会議で強行採決されたことを受け、「しんぶん赤旗」の調べでは少なくとも全国39都道府県の地方紙のおもな社説・論説（16、17日付）が、法案の撤回、廃案を求める主張や民意を無視する安倍政権に対して厳しい批判を掲げました。

「廃案へ野党は結束を」――。こう呼びかけた北海道新聞の社説は、「憲法学者が違憲性を指摘し、国民の理解も進んでいない」と指摘。「撤回が筋の関連法案の採決は、数の力を背景とした政府・与党の暴挙と断じざるを得ない」と批判しました。

「『違憲』法案の撤回を求める」（京都新聞）、「国民の理解が進まないなら、廃案も検討されるべきだろう」（熊本日日新聞）、「国民的合意が得られないようなら、法案を廃案にして議論を一からやり直すべきだ」（秋田魁新報）など、今国会成立の断念を迫る意見が相次ぎました。

「国民の理解は後回しなのか」との見出しを立てたのは河北新報。「世論調査が示す通り、主権者の賛同を得るに至っておらず、民意に背いている」とし、地方議会でも法案に「反対」や「慎重審議」を求める意見書の可決が増えていることを挙げました。信濃毎日新聞も、戦争法案に反対する抗議行動が各地で続いているとして、「会期末まで2カ月余り、法案の成立を阻止するには国会での追及とともに世論の力が必要だ。声を上げ続けたい」とのべました。

参議院での審議に向けて、福井新聞は「参院が議決しなくても衆院の3分の2以上の賛成で再可決・成立させる『60日ルール』が巨大与党の念頭にあるとすれば、おごりそのもの。参院の存在意義の否定につながる」と警告。さらに、「歴史の審判に堪えうる責務を果たさないなら、安倍政権の『倒閣論』が顕在化してくるだろう」としました。

東京新聞は、安倍政権の姿勢を「戦後日本が目指してきた民主主義のあるべき姿や指導者像とは程遠いのではないか」と指摘した上で、こう結びました。

「政治の決定権を、国民から遊離した権力から、国民自身に取り戻す。戦後七十年。正念場である」

《各紙の社説・論説のタイトル》

新聞	タイトル	日付
北海道新聞	平和主義の空洞化許さぬ	17日
東奥日報（青森）	参院は徹底的に審議を	17日
岩手日報	民との「ねじれ」恐れよ	17日
秋田魁新報	参院でこそ議論尽くせ	17日
山形新聞	平和国家の重大な転機	17日
河北新報（宮城）	国民の理解は後回しなのか	16日
福島民報	理解得られていない	17日
新潟日報	平和守る法とは言えない	17日
下野新聞（栃木）	審判に堪える責務果たせ	17日
茨城新聞	国民無視の強行だ	16日
千葉日報	進む「公」の私物化	17日
埼玉新聞	民意直視し再考を	17日
東京新聞	民主主義の岐路に立って	17日
神奈川新聞	参院の意義懸け審議を	17日
山梨日日新聞	民主主義危うくする暴走だ	17日
信濃毎日新聞（長野）	安保への抗議　声を上げ続けてこそ	17日
静岡新聞	参院の役割が問われる	17日
中日新聞（愛知）	民主主義の岐路に立って	17日
岐阜新聞	参院での徹底審議求める	17日
福井新聞	おごる巨大与党、民意無視	17日
京都新聞	「違憲」法案の撤回を求める	17日
大阪日日新聞	審判に堪えうる責務果たせ	17日
神戸新聞	「再考の府」で徹底審議を	17日
日本海新聞（鳥取）	審判に堪えうる責務果たせ	17日
山陰中央新報（島根）	国民の声に耳を傾けよ	16日
山陽新聞（岡山）	健全な民主主義には遠い	17日
中国新聞（広島）	徹底審議し禍根残すな	17日

四国新聞（香川）	民意直視し再考を	17日
愛媛新聞	「理解進まぬ」中の暴挙許せない	17日
徳島新聞	世論を無視した強行だ	17日
高知新聞	批判の声を上げ続けよう	17日
西日本新聞（福岡）	参院でこそ審議を尽くせ	17日
佐賀新聞	日本をどう守るか議論を	17日
長崎新聞	原則破る暴挙に抗議する	16日
熊本日日新聞	無理を通す数の力の傲り	17日
大分合同新聞	審判に堪えうる責務果たせ	17日
宮崎日日新聞	政治不信高める強硬姿勢だ	17日
南日本新聞（鹿児島）	改憲を正面から国民に問うのが筋だ	17日
沖縄タイムス	憲法を破壊する暴挙だ	16日

●暴挙許さない／映画人、賛同広がる

「たたかいはこれから。世論をこんなにも無視した暴挙を国民が許すはずはない」――アピール「私たち映画人は『戦争法案』に反対します！」への賛同者が映画各界や愛好者に広がり、446人にのぼることが7月16日、発表されました。

呼びかけ人の池谷薫、神山征二郎、高畑勲、降旗康男、ジャン・ユンカーマンの5人の監督と、金丸研治・映演労連委員長、事務局の高橋邦夫・映画人九条の会事務局長が会見にのぞみました。

「戦後70年たって権力者が大きなうそをついている。その化けの皮がはがれてきたというのが現状だと思う」（池谷氏）、「9条に風呂敷をかぶせて議会の絶対多数で踏みにじるのは許せない」（降旗氏）、「首相は、国民の理解が不十分などと言っているが、国民は十分わかってきている」（神山氏）など、怒りの発言が続きました。

「大勢順応のズルズルはだめです。日本は9条にしばられて平和外交を積み重ねることが大事」（高畑氏）、「平和憲法を守ったうえで積極的平和主義を」（ユンカーマン氏）、「戦前の映画法のもとで国策映画に協力させられた教訓を思い、映画産業で働く労働者も廃案を求め続けたい」（金丸氏）――。

呼びかけ人には、山田洋次監督も加わり、賛同者は、俳優の大竹しのぶ、野際陽子、吉永小百合の各氏のほか、脚本家、評論家、プロデューサーら多彩な人たちに及んでいます。9月30日までの賛同者は777人にのぼりました。

映画監督協会の有志で結成した「自由と生命を守る映画監督の会」は9月19日、映画上映とシンポジウム「映画監督と時代～戦争法案を廃案に！」を開催。戦争法成立後、独裁政権打倒の声明を発表しました。

●デモ隊列途切れず／SADLとSEALDs KANSAIが共催／大阪

安倍自公政権が、戦争法案を衆院で強行採決する中、「関西から『反対』の声を大規模に上げ、法案を本当に止めよう」と7月19日、主催者発表で8200人の青年・学生などが大阪・御堂筋をデモ行進しました。

主催は、10～40代の市民でつくるSADL（サドル＝民主主義と生活を守る有志）と、関西の学生によるSEALDs KANSAI（シールズ関西＝自由と民主主義のための関西学生緊急行動）。

参加者は、音響機材を積み、コールの先導役を乗せたサウンドカーを先頭に、思い思いのプラカードを手に「戦争法案今すぐ廃案」などと声を合わせました。学生や青年、親子連れが目立つ隊列は30分たっても途切れず、道行く人が「自衛隊が……」と会話するなど、周辺の注目を集めました。初めてデモに来た堀田慎平さん（25）＝奈良市＝は「解釈を変えれば何でもありというのはおかしい。『連休を挟めば国民は忘れる』という政府の思うつぼになるのは嫌なので、声を上げていきたい」と語りました。

●関西　若い世代のうねり

関西では、SADLとSEALDs　KANSAIが共催したデモ（19日、大阪・御堂筋）に8200人が参加しました。それぞれが行う街頭宣伝にも主催者の予想を超える人が集うなど、若い世代の運動に大きなうねりが起きています。（笹川神由記者、前田美咲記者）

◇

「安倍首相、この国の憲法はあなたの独裁を認めはしない」――。戦争法案が衆院特別委員会で強行採決された15日、大阪・梅田に学生の怒りの声がこだましました。

シールズ関西が行った緊急の街頭宣伝。マイクをもった寺田ともかさん（21）＝関西学院大学4年＝の訴えが、23日までにフェイスブックで3・3万件シェア（転載）されるなど、反響を呼んでいます。

「70年間、日本が戦争せずにすんだのは、戦争の悲惨さを知るおとなが、たたかってきてくれたからです。ここで終わらせるわけにはいきません。私たちは『戦後』を続けていくんです」

街宣には強行に憤る2700人が詰めかけました。「とにかく怒りをぶつけたくて来た」という大津市の女子高校生（17）。京都市にある学校からの帰りに足を延ばし、「説明不足を認めながら、強行するのはおかしい。こんな方法で決まった法案で戦争になってしまったら、耐えられない」と話しました。

19日のデモに参加した人たちは、「連休を挟めば空気が和らぐ」（13日、テレビ朝日）と報じられた政府与党の思惑通りにはさせないと口をそろえました。

両親を誘って参加した女子高校生（18）＝大津市＝は「憲法を無視した法案の強行採決は許せない。国民をばかにするな」と力を込めます。憲法を読んで感動し、法学部をめざしているといいます。

ツイッターを見て参加した樋口元さん（20）＝大阪府内の大学3年生＝は「法案の中身も、適正な手続きを踏んでいない点もおかしい。衆院は通ったが、放っておくわけにはいかない」と語ります。

《若い人たちに連帯伝えたい》

若い世代が街頭で自分の意見を堂々と述べる姿が上の世代に活力をもたらしています。

18日の1万人集会・デモ（大阪市北区、扇町公園）に参加し、19日は沿道からデモ隊を応援した男性（67）＝東大阪市＝は「若い人が腹から声を出し、生き生きと歩いているのがうれしい。連帯の気持ちを伝えたくて来た」と目を細めました。

サドルが12日に大阪・なんば高島屋前で行った街宣に、5カ月の子を抱いて来た女性（31）は「こういう場は初めて。自分より若い世代が頑張っているのを見て申し訳なくなった。子どものためにも自分も声を上げていきたい」と語りました。

●たたかいの渦中　共産党が創立93周年

衆院特別委員会で強行採決がおこなわれた7月15日は、日本共産党創立93周年の記念日でした。同日に予定されていた記念講演会は18日に延期され、東京・渋谷の党本部で開催されました。志位和夫委員長が「戦争法案阻止へ―空前の国民的たたかいを」と題して講演。憲法学者の小林節さん、作家・僧侶の瀬戸内寂聴さんが、日本共産党への期待のビデオメッセージを寄せました。参加者は第2会場まで入り、講演会はインターネットでも全国に中継。６７４カ所で視聴会が行われ、ユーチューブなどで2万２７２２回再生されました。

（3）アベ政治を許さない

●国会正門前に5000人余

「アベ政治を許さない」――。7月18日の午後1時、俳人の金子兜太さんが書いたポスターが全国でいっせいに掲げられました。駅前や繁華街、職場、山頂でアピールしたり、自家用車や玄関先に張り出したりと、多彩な意思表示がありました。日本共産党本部前では、志位和夫委員長らがいっせいに掲げました。

5000人超がつめかけた国会正門前。呼びかけ人でジャーナリストの鳥越俊太郎さんが「日本全国津々浦々で同じ気持ちをもって、同じ時刻に立ちあがっていることを感じ取って連帯したい」とあいさつします。雨が降りだすなか、「アベ政治を許さない！」のコールを響かせて、国会に向けいっせいにポスターを掲げました。

呼びかけ人で作家の澤地久枝さんは「みんなで手をつないだ時、初めて政治が変わる」と語り、歓声と拍手に包まれました。作家の落合恵子さん、朴慶南さん、渡辺一枝さん、講談師の神田香織さん、漫画家の石坂啓さんらが次々と訴えました。

「安倍政権のねらいをしっかり見極めなきゃいけないと思って、ここに来た」。甲府市の神宮寺みどりさん（50）は、東京都内の大学に通う娘とその友人を誘って参加しました。「子どもにかかわる仕事に就きたいから、平和な社会じゃないと困る」と娘も言います。ポスターを拡大コピーし、むしろ旗に仕立てたのは東京都荒川区の田中良照さん（64）。「強行しようとすればするほどみんなの声は大きくなり、法案のおかしさが伝わっていく。もっと大きな声にしたい」と言います。

●全国の駅前でアピール

○…福島市のJR福島駅頭では、県九条の会の呼びかけにこたえ約130人が横断幕も掲げてアピール。「歩行者天国」を楽しむ青年や家族連れ、駅利用者も注目しました。

行動に参加した福祉施設職員の遠藤絢一さん（34）は、「小学4年の長男を将来戦地に送るようにさせてはならない。私たちの仕事は戦争とは対極にある」と思いを語りました。

福島県会津若松市では、全国一斉行動に呼応して開かれた「戦争法案NO!会津若松集会」。ゴスペルの合唱の後、宗教者、母親、高校教師、青年ラッパーがリレートーク。幼児のつぶやきを集めた詩の朗読などのアピールが続きました。

舞台横でライブペイントを行い、宇宙に子どもが輝いている絵を披露した平野憲吾さん（31）。「絵のタイトルは『自由』。怒りよりも希望を伝えたい」

《女性20人が声》

○…東京都豊島区の巣鴨駅前では、「駒込、巣鴨、大塚地域『平和安全法案』を考える会」の女性20人が声をあげました。

赤いTシャツ姿の上田マリさん（94）。戦中「お国のため」と満州（現中国東北部）に渡り、戦後、長女をおぶって引き揚げてきました。「同級生の半分は戦死しました。子や孫、ひ孫のためにも戦争法案は絶対に反対です」

○…東京都練馬区の練馬駅前では、革新懇や日本共産党練馬地区委員会が呼びかけ、約60人の市民が参加。ダンス講師のヒルマチカさん＝渋谷区＝は近くの教室からの帰り、1人でポスターを掲げながら歩いていたところ駅前での行動に遭遇し、飛び入りで合流。「（戦争法案は）何としても止めなければ」

○…さいたま市浦和区のJR北浦和駅前では、約70人が一斉にアピール。参加した廣田美子さん（55）＝さいたま市＝。「安倍首相は国会も国民も軽視し、独裁で政治を進めていて許せない」

○…新潟市では、青年や「安保関連法案に反対するママの会新潟」などあちこちで行動。万代シティでは52人が参加しました。

3月まで保育士を46年勤めた丸山初代さん（69）は「長年子どもたちと、自由の町へ、平和の町へと歌い続けてきたので、戦争法案は心から許せません」と語気を強めました。

《スーパーの前で》

○…神戸市では、三宮センター街周辺をデモ行進した「アベ政治を許さない！市民デモKOBE」の人たちなど、三宮東遊園地で400人がポスターを掲げました。

参加した神戸市中央区の重成さおりさん（42）は「安倍首相は、国民のための国でなく自分の国のように何でも勝手に決めて許せない」といいます。

○…愛媛九条の会は、松山市の伊予鉄松山市駅前でポスターを掲げ、11氏がリレートーク。30人だった参加者は50人近くに増え、「僕たちも戦争に行くようなことがあるのか心配です」と話す中学生など、市民の大きな注目を集めました。

○…宮崎県延岡市では、日本共産党の宮崎県北部地区委員会の呼びかけで、25人が延岡駅近くの大型スーパー前で。延岡市在住の男性（77）は「安倍政権のやり方に頭にきている」と通りがかりに足を止め、「みなさんの行動に感謝します」と述べました。

●軒並み3割台に／安倍内閣の支持率急落

戦争法案の衆院での強行採決後、マスメディア5社が7月20日までの連休中に発表した世論調査で、内閣支持率が軒並み3割台に落ち込むとともに、いずれも不支持率が支持率を上回ったことが、分かりました（表）。いずれの調査結果も第2次安倍政権発足後、最低の支持率です。

FNNでは不支持率が前回（6月27、28両日実施）から10・2ポイントの上昇となっています。

	支持率（％）	不支持率（％）
毎日	35	51
共同通信	37・7	51・6
ANN	36・1	47・0
朝日	37	46
FNN	39・3	52・6

●「安倍NO!」大合流／国会とりまく7万人

東京・日比谷野外音楽堂を埋めつくした人たちが声を合わせました。「アベはやめろ」「戦争したがる総理はいらない」。7月24日、「民主主義を取り戻せ！戦争させるな！」と呼びかける「安倍政権NO！首相官邸包囲」がおこなわれ、7万人（主催者発表）が日比谷集会や、国会議事堂をとりまく4カ所で抗議行動を展開しました。日本共産党の志位和夫委員長も参加し、スピーチしました。

この行動は、首都圏反原発連合（反原連）、全労連、SEALDsなどでつくる実行委員会が主催。今回で2回目の取り組みです。

日比谷の集会では、発言者の一言ひとことに参加者から「そうだ！」の元気な声がかかりました。主催者を代表してあいさつした反原連のミサオ・レッドウルフさんは「戦後最悪の安倍政権を打倒して、暴走を止めよう」と訴えました。

憲法学者の小林節さん、精神科医の香山リカさん、沖縄・ヘリ基地反対協議会の相馬由里さん、「ストップ再稼働！3・11鹿児島集会実行委員会」の杉原洋さんがスピーチ。戦争法案について小林さんは「憲法を破ってアメリカの2軍にする。こんなふざけたことはない」と批判。香山さんは「安倍政権は権力という酒にめいていい状態だ。早くお引き取りいただくしかない」と語りました。

各分野で反対する人たち12人が短いスピーチをしました。「福島第1原発の事故処理もままならない現状での再稼働などありえない」「民意を無視した沖縄米軍新基地建設強行は、民主主義を破壊する行為」「環太平洋連携協定（TPP）の妥協、合意は許さない」と、次つぎに訴えました。

埼玉県から参加した矢作沙織さん（34）は戦争法案の強行採決が一番許せないと語り、「国民の声を聞かない安倍首相に1人でも多く反対の声をあげるために来ました」。

国会前の抗議行動でも「即刻辞任せよ」などのプラカードを持った参加者で埋まりました。国会前に初めて来たという堺市の野島聡子さん（28）は「戦争法案では今までにない危機感がある。ここで得た熱を多くの人に伝えていきたい」と話しました。

●共感を呼んだSEALDsのスピーチ

7月24日、7万人が国会周辺で抗議の声をあげた「安倍政権NO！　首相官邸包囲」。参加者の大きな共感を呼んだ、学生（SEALDs）のスピーチを紹介します。

○武力に頼る未来、私はいりません／芝田万奈さん（大学3年生）

今日は安倍晋三さんに手紙を書いてきたので読ませていただきます。

安倍晋三さん。私はあなたに底知れない怒りと絶望を感じています。

先週、衆院安全保障特別委員会で、安保法制がクーデターともいえる形で強行採決されました。沖縄では、県民同士を争わせ、新たな基地建設がすすめられています。鹿児島では、安全対策も説明も不十分なまま、川内原発を再稼働させせようとしています。一方、東北には、仮設住宅暮らしを4年以上続けている人はまだたくさんいらっしゃいます。あなたはこの状況が「美しい国・日本」のあるべき姿だといえますか。

後藤健二さんが殺害されたとき、私は日本も米国のように対テロのたたかいを始めるんじゃないかと思って、とても怖くなったのをいまでも覚えています。しかし、日本は米国と同じ道をたどってきてないし、これからもたどりません。

被爆国として、軍隊をもたない国として、憲法9条を保持する国として、私たちは平和について真剣に考え、構築しつづける責任があります。

70年前に経験したことを二度と繰り返さないと、私たちは日本国憲法をもって誓ったのです。武力に頼る未来なら私はいりません。人殺しをしている平和を、私は平和と呼びません。

いつか私も、自分の子どもを産み、育てたいと願っています。だけど、いまの社会で子どもを育てられる自信なんかない。

安倍さん。あなたに私のこの不安をぬぐえますか。

自分の子どもが生まれたときに、真の平和を求め、世界に広げる。そんな日本であってほしいから、私は今ここに立って、こうして声をあげています。

ベビーカーに乗っている赤ちゃんが私を見て、まだ歯が生えていない口を開いて笑ってくれる幸せを。仕送りしてくれたおばあちゃんに「ありがとう」って電話して伝える幸せを。好きな人に教えてもらった音楽を帰りの電車で聞く幸せを。私はこういう小さな幸せを平和と呼ぶし、こういう毎日を守りたいんです。

私は、これ以上、私の生きるこの国の未来をあなたにまかせることはできません。この場から見えるこの景色が私に希望を与えてくれます。

安倍さん。あなたの手の中に、民主主義も、この国の未来もありません。ここにいる私たち一人ひとりで勝ち取りましょう。

２０１５年7月24日、私は安倍政権に退陣を求めます。

（国会正門前で）

○政治を変えるため言いつづけます／元山仁士郎さん（大学4年生）

米軍普天間基地のそばで生まれ育った私は、基地を当たり前のものとしてとらえていました。しかし、高校の授業や友だちとのおしゃべり、テレビの音もかき消してしまう米軍のジェット機、ヘリコプターの音に違和感を覚えてはいました。

身近に起こっているにもかかわらず、どこか遠くで進められているように感じられ、さらに反対運動が、目に見える結果が表れないことで、基地に関して変化を起こす力が自分にはないと感じられていました。

受験勉強のために上京した２０１１年、福島第1原発が爆発しました。路上では脱原発のデモが頻繁におこなわれていました。大学に入り、２０１３年に秘密保護法が強行採決されました。その際、過去の経験からデモを主催しようと思い、今もともに活動するＳＥＡＬＤｓの仲間と出会いました。

正直、最初のころは「デモに何の意味があるんだろう」「周りからどう見られているんだろう」など、すごく不安に思っていました。

でも、こうやって今日、ここに立って話をできてることや、周りの友人、知人、著名人から「今日、国会前に行くよ」「今度あって話を聞かせて」という連絡があると、今まで活動し続けてきてよかったと感じています。

思いや声が届かないだろうと思っている人にも、いい続けることで届くことがわかりました。いい続けてきた経験が、自分を鼓舞する、人に影響を与える、そこから現実を変える力になるとわかりました。

戦争を経験した祖父は、私に会うたびに「二度と戦争はしてはいけない」と話してくれました。大事なことを何度も、何度もいい続けてくれたことは、今の私の原動力となっています。

ここにはＴＰＰ（環太平洋連携協定）、ヘイトスピーチ（差別扇動行為）、秘密保護法、雇用、教育、農業、社会保障、原発、そして安保法制（戦争法案）などに関してさまざまな主張をもつ人たちが集まっています。

政権に対して、何か思うことがあるのであれば、いい続けることによって変えることができます。変えたいと思うのであれば、ずっとずっといい続けなければならないのです。安倍政権に届けましょう、日本中に、世界中にとどろかせましょう。

「安倍政権ＮＯ」ということを！

（日比谷野音集会で）

「戦争法案の強行採決を許さない」と声をあげる人たち（7月15日、国会正門前）

原爆ドーム前に座り込み、抗議する人たち（7月15日、広島市）

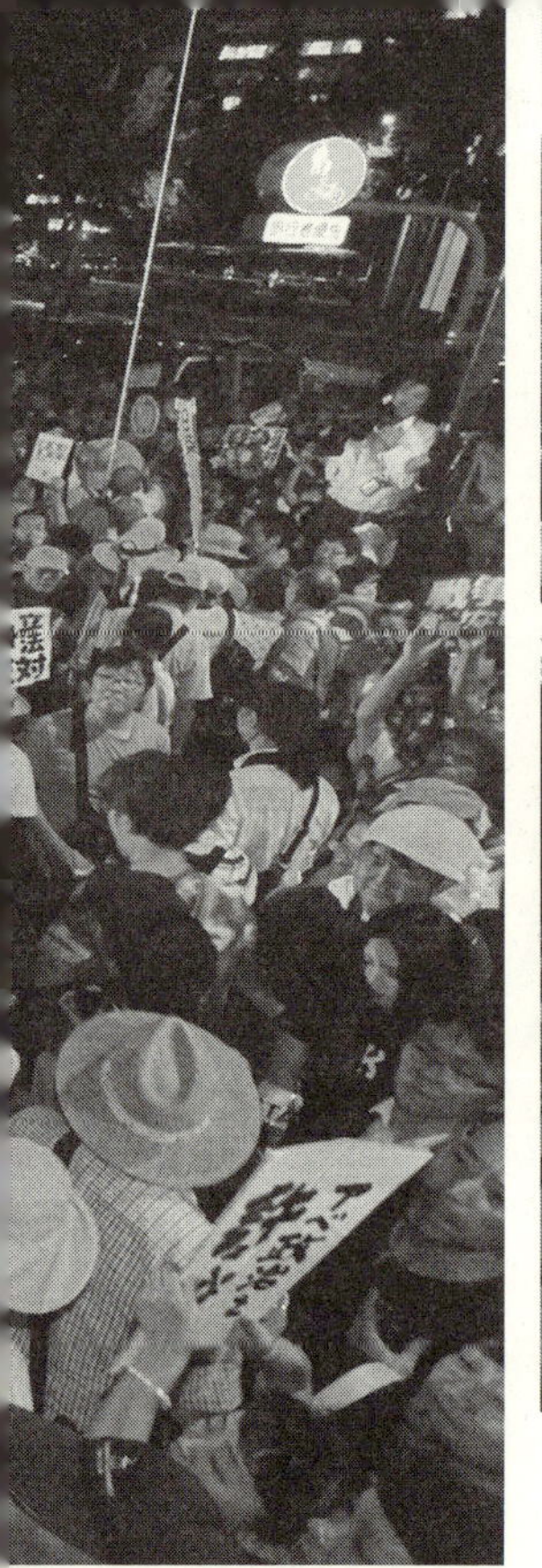

戦争法案を廃案に、強行採決反対と集まった人たち（7月14日、東京・日比谷野外音楽堂）

「憲法守れ、安倍はやめろ」とコールするSEALDsの人たち（7月15日、国会正門前）

国会正門前に集まった人たちに激励のあいさつをする志位和夫日本共産党委員長（7月15日）

（4）宗教者

●相次ぐ抗議声明

衆院での戦争法案の強行採決に、宗教者が相次いで抗議声明などを出しました。

「日本キリスト者平和の会」は7月19日、「戦争法案の強行採決に抗議し、廃案を求める声明」を発表。声明は「（自民・公明の）両党に憲法前文と第9条を今一度しっかりと読み直すことを、そして『この憲法を尊重し擁護する義務を負う』（憲法99条）為政者として誠実に履行することを求めます」として、強行採決に抗議し、廃案にむけて共同を広げるとしています。

「北海道キリスト者平和の会」は17日、「戦争法案の強行採決に抗議し、廃案を求める声明」を発表しています。

「もう黙ってはいられない、戦争法案に反対する宗教者の会」は17日、「『戦争法案』強行採決の暴挙に抗議し、廃案を求めます」を安倍首相はじめ、衆参の両院議長に送付。同声明は「私たち宗教者は、どのような教えに立つとしても『人が殺し殺される』事を容認することはできません」として、法案の撤回・廃案を求めています。

浄土真宗本願寺派の「非戦を願う真宗門徒有志」が、安倍首相に対し、戦争法案を全て廃案にすることを求める抗議文（7月5日付）を送りました。

また同有志は、教団の大谷光淳門主と石上知康総長に対し、戦争法案に反対する宗派声明を出すことを求める要望書を出しました。

●宗派を超えて

仏教、神道、キリスト教など宗教・宗派を超えて250人が7月24日、東京都中央区の築地本願寺で集会を開きました。

集会は、小武正教（浄土真宗本願寺派）、長田浩昭（真宗大谷派）、山崎龍明（浄土真宗本願寺派）の各氏が呼びかけたものです。

あいさつした長田氏は、「戦争で門徒たちを死に追いやったのは宗教だったということを胸に刻み、命の犠牲を強いる政治に対してはやむにやまれぬ心で声を上げなくてはいけない」と語りました。

宗教者九条の和・呼びかけ人世話役の宮城泰年氏（聖護院門跡門主）は、「戦争法案での首相答弁を見ていると、あの時代の再来を見る思い。『戦争してはならぬ』の一点で宗教者がもっと集まらなければならない」と呼びかけました。

九条の会事務局の高田健氏が基調報告。全日本仏教会前会長の河野太通氏がメッセージを寄せました。

参加者は、「自らが信仰に生きる『証し』として、もろ手をあげて立ちはだかる決意である」とのアピールを確認しました。

●キリスト者次々抗議／教団・団体声明／殺すこと許されない

戦争法案をめぐり、キリスト教教団・団体から法案の強行採決に抗議し、廃案を求める声明が相次ぎました。憲法の平和主義の破壊だけでなく、安倍政権と与党による民主主義を踏みにじる手法そのものにも強い批判が向けられていることが特徴です。

日本基督教団は、常議員会で14日可決した声明「戦後70年にあたって平和を求める祈り」の中で、戦争法案が憲法違反と指摘され、多くの国民が懸念していることに言及。「剣を打ち直して鋤とし、槍を打ち直して鎌とする」との聖書の言葉をひき、「平和の実現を願い、為政者が謙遜になり、国民の思いに心を寄せ」るよう祈るとしています。

同教団の長崎哲夫総幹事は、「若者が武器を持って人の命をあやめることは神様の御心ではありません。法案の廃案を願っています」と話しています。

「安倍内閣は、独裁と独善に溺れる自らを反省し、速やかに退陣すべきです」との抗議声明を15日に発表した日本バプテスト連盟の吉高叶常務理事はいいます。「私たちは信仰を心の問題だけに限らず、政治的な課題に対してもコメントすべきだと考えています。聖書に基づき、たたかうこと、殺すことは許されておらず、できません」

日本ホーリネス教団は17日、教団委員会の中西雅裕委員長ら3人の連名で抗議声明を発表。「わが国と国民に危険を及ぼすような強引な政治手法を速やかに改め、当法案を廃案とするよう強く求めます」としています。

同教団の「福音による和解委員会」の平野信二委員長は、「私たちは聖書に基づいてどう生きるかという立場で声明を出しました。法案は内容も進め方も明らかに憲法違反です」と話しました。

衆院本会議で強行採決した16日、日本福音ルーテル教会の社会委員会はインターネットのブログで「安保関連法案についての現状をふまえ、これを憂う」との記事を掲載。日本ＹＭＣＡ同盟は緊急声明で「戦後培ってきた日本の民主主義、立憲主義、国民主権の存立の崩壊と言わざるを得ません」としました。

日本キリスト教会は17日、「深く憂慮し、反対し、強く抗議する」とする大会議長声明を発表。日本聖公会は同日発表の緊急声明で、「平和憲法があるからこそ、平和国家として信頼され、平和的外交をすすめることができる」とのべ、法案の撤回・廃案を求めました。

●8月には全国集会

戦争法案に反対する宗教者による全国集会が8月24日、東京都千代田区の星陵会館で開かれました。呼びかけたのは、宮城泰年・聖護院門跡門主、山崎龍明・「戦争法案」に反対する宗教者の会代表、小武正教・念仏者九条の会代表、小橋孝一・日本キリスト教協議会議長など19人。宗教、宗派を超え約350人が集まりました。

賛同団体の代表らが発言。勝谷太治・日本カトリック正義と平和協議会会長は、「戦前、戦中において抵抗することができなかった苦い思いがある。また同じ過ちを繰り返してはいけない。声を一つのうねりにして、法案を廃案に追い込みたい」と語りました。

渡辺治・一橋大学名誉教授が基調報告し、「戦争法案の廃案が、アジアと世界の人々に対する最高の戦後70年談話になる」と述べました。瀬戸内寂聴さんがメッセージを寄せました。

採択したアピールは、「今宗教者がなすべきことは、再び戦死者の儀礼を司ることではなく、新たな戦死者を生み出そうとするすべての事柄に『否』と声を発すること」と述べています。

集会後、国会前で抗議行動に取り組み、「武力で平和はつくれません」と唱和。参加者は約500人に増えました。日本共産党の赤嶺政賢、宮本岳志の両衆院議員のほか、各党の国会議員が駆け付け、あいさつしました。

「戦争アカン」などのプラカードを掲げて、戦争法案廃案の声をあげる「おおさか1万人大集会」の参加者（7月18日、大阪市の扇町公園）

全国いっせいに「アベ政治を許さない」とポスターをかかげる人たち（7月18日、国会正門前）

「安倍政権 NO!」と開かれた集会（7 月 24 日、東京・日比谷野外音楽堂）

「戦争法案反対」「憲法守れ」と声をあげる宗教者たち（8 月 24 日、国会前）

戦争法案許さないと国会前で抗議するキリスト者（7 月 24 日、国会前）

第7章　ママたちが渋谷ジャック

（1）だれの子どもも、ころさせない

「戦争立法ぜったい反対」「ママは戦争しないと決めた　パパも戦争しないと決めた」――。戦争法案に反対する子育て中の母親たちが7月26日、東京・渋谷駅周辺で初めての街頭宣伝とデモを行いました。暑い中、約2000人が参加しました。参議院で審議が始まる前日です。

主催は「安保関連法案に反対するママの会」。「だれの子どもも、ころさせない」を合言葉に、京都市在住の西郷南海子さん（27）、神奈川県座間市の鷹巣直美さん（38）、東京都大田区の坂井和歌子さん（37）ら6人が13日に記者会見をして呼びかけ、同日までに1万7000人を超える賛同が寄せられました。29都道府県に「ママの会」がつくられたことも報告されました。

この日は「戦争立法反対！　ママの渋谷ジャック！」と銘打ち、渋谷駅ハチ公前で7人のママがリレー演説。人の輪が何重にも膨れ上がりました。

デモでは、ピンクの風船やガーベラの花（花言葉は「希望・前進」）を身につけ、子どもを抱っこしてベビーカーを押す母親たちが戦争法案反対を訴えると、手を振ったり写真を撮ったり、飛び入り参加する人

も。

4歳の息子と2歳の娘を連れた宮﨑綾さん（38）＝千葉県八千代市＝は、フェイスブックで行動を知り、初めてデモに参加。「何かしたいと思っていました。行動する親の姿を子どもたちも見ていると思う。戦争では何も解決しない。70年間守られてきた平和をつないでいきたい」

夫と11歳、1歳、2カ月の3人の娘と参加した田中美樹さん（35）＝川崎市、看護師＝もフェイスブックで知ったといいます。「絶対に子どもたちに戦争を経験させたくない。いま頑張らなければ、取り返しのつかないことになる」と話しました。

○新潟市から参加した三谷直美さんのスピーチ

私の望むのは、家族そろってご飯を食べ、子どもの寝顔を見て「可愛いなあ」と思える毎日です。日本のママも、隣国のママも、地球の裏側のママも、思いは一緒のはず。戦争に協力する安保法案に絶対反対です。

○京都の水谷麻里子キャロラインさん（4歳と6歳の子どものママ）のスピーチ

日本で一番好きなところは戦争を放棄しているところでしたが、変えられようとしている。最後まであきらめず、たたかいぬきましょう。

渋谷ジャックに呼応して京都市でもママたち300人が街頭宣伝とデモをおこないました。

この日は、国会周辺も人で埋まりました。「総がかり行動実行委員会」が呼びかける国会包囲行動に2万5000人を超える人たちが集まりました。

(2) ママの思い

各地で戦争法案反対の活動をするママの思いは――。(染矢ゆう子記者)

◇

○**戦争しかける国にしない**/広島市でパレードをよびかけた小2と保育園年長組(6歳)の子がいる近松直子さん(26)

子どもが犠牲になるのが戦争です。戦争をしかける国になってほしくない。いてもたってもいられず7月14日に国会前に駆けつけました。若い人がどんどん増えていくことに感動し、国民の力で戦争法案は止められる、と感じました。

友人4人で話し合い、「守りたい　この笑顔　まもスマパレード」(7月19日)をビラやツイッターで呼びかけました。保育園でもビラを配り、ママ友35人に子どもの笑顔の写真を送ってもらい、横断幕をつくりました。

国民多数が反対しているのに無理やり通そうとする政府のやり方は怖い、との思いは共通です。

デモ当日は「他に予定があったけど、衆院での強行可決は絶対許せない」と参加したママ友や保育士さん、報道やツイッターで知った山口や島根の若者など85人で歩きました。シャボン玉を吹いたり、風船を持ったりして、「戦争法案ゴミ箱にぽい」とコールしながら歩きました。

保育園の父母会でも戦争法案反対の署名やデモの参加を呼びかけました。保育園とも、同じ思いの若者ともコラボして、広島から廃案の世論を広げたい。

○〝**怒れる女子会**〟**輪を広げ**／東京・怒れる女子会＠大田　中1、小5、小2、年長の4人の子がいる望月理奈さん（47）

戦争法案を廃案にしようと東京都大田区のＪＲ蒲田駅前でこれまで4回宣伝しました。毎回10人以上が参加し、7月26日は宣伝後に渋谷のデモに合流しました。行動するたびにフェイスブックに写真を載せて発信しています。

戦争法案はそもそも憲法違反で、イラク戦争のようなアメリカの戦争に巻き込まれるリスクが高まり、国民の命が危険にさらされます。政府のやり方は、ごまかし、すり替え、居直りばかり。「丁寧な説明」と言いますが、上から目線で人の話を聞いていません。私たちは戦争法案を十分理解して反対しているんです。

東京電力福島第1原発事故以来、政府のデタラメさに気がつき、1人で勉強会や反原発デモに参加してきました。政治の話ができるママ友は2、3人しかいませんでしたが、もっとその輪を広げたいと思い、大田区での〝怒れる女子会〟の実施を提案しました。すると子どもと同じ小学校や幼稚園など身近なところに同じ思いのママがいました。女性弁護士などの協力を得て月1回ほど、憲法や集団的自衛権、教科書採択などの学習会を開催。その場で教科書の区民意見を書いたりしています。

私たちの暮らしに直結している政治のことを、子育てや料理について話すのと同じように普通に話せる場づくりをしたいです。

○**どの子も殺させたくない**／東京・秘密保護法を考える女子会＠足立　2人の子どもがいる渡辺みえこさん

7月26日の渋谷ママジャックで初めて街頭でマイクを握りました。「安保関連法案に反対するママの会」

の記者会見をインターネット中継で見て、「誰の子どもも殺させない」「自分たちの言葉で声をあげることが民主主義のスタート」という呼びかけに共感したからです。

ジャーナリストの後藤健二さんらがＩＳのテロの犠牲になったことがとても悲しかった。戦争でテロをなくすことはできません。自衛隊員も、紛争地の子どもたちもだれも殺させたくない。子どもの未来を守るために戦争法案に反対です。

（3）ママたちは政治に働きかける

ママたちの行動が新しい展開を見せています。特徴は学習会やデモにとどまらず、政治に直接働きかけようと、国会議員や地方議員、首長と懇談・要請したり、請願署名を集めたりしていることです。自民党幹部からは「若い母親の反対の広がりは特に慎重に対応しなければならない」と声があがり、政権与党を揺さぶっています。（内藤真己子記者）

◇

「ママぁ、○○番のお部屋あったよ！」。参院議員会館に子どもたちの元気な声が響き渡りました。ママの会の「8・27　ママの国会大作戦！」に全国から母親と子どもたち約90人が結集。戦争法案に反対する2万人近いメッセージを参院の主な会派に届けたのです。

「ママのこみ上げる思いがここに詰まっています。ぜひ読んでください」。母親らはグループに分かれて議員控室を訪ねメッセージを届けました。

「あの、いいですか」。4歳の長男を連れて来た美季さん（43）＝仮名＝は、応対した自民党秘書にせきを切ったように話しました。「国会中継を見ていると政府が質問にまともに答えていないと思う。怒りが募っています。きちんと答えてほしいです」

5歳と3歳の男の子といっしょの木谷直香さん（32）は、「大きな戦争につながり子どもたちが巻き込まれないか不安です。法案を通さないでください」と頭を下げました。2人とも7月に国会前行動に初めて参加、議員要請は初体験です。

●廃案求めて議会に請願

廃案を願う熱い思いが各地でママたちを突き動かしています。

東京都墨田区の「ママの会@墨田」は8月2日、区議会に、安保関連法案に反対する意見書を国に提出するよう求める請願を、2500人分の署名を添えて提出しました。同区議会に請願が出されるのは8年ぶり。日本共産党と民主党、無所属議員が紹介議員になりました。先月には区長と会い、要望書を提出しています。

言いだしっぺの中村華子さん（35）＝自営業＝は6歳、4歳、1歳の子をもつシングルマザー。「日本が戦争する国になれば、子どもたちを守れない」と7月、子どもを連れ初めて国会前行動に行きました。衆院での強行採決に「もっとやれることがあったはず」と悔やんでいたときママの会を知りました。

「墨田でもやりませんか」。フェイスブックの投稿にママが次々と応じ墨田の会を立ち上げました。お盆明けには5日間連続でママらが子どもと駅頭に立ち署名を訴えました。

1人で200人近い署名を集めたママもいます。放射能から子どもを守る会の活動をしている知人に誘われ、会に加わった3人の子の母親（43）です。携帯電話のアプリ「ＬＩＮＥ」で署名のお願いを一斉送信。協力すると言ってくれた人に署名用紙を渡すなどしました。

「署名のため改めて勉強して一番怖いと思ったのは後方支援です。この先アメリカが起こすどんな戦争に巻き込まれるか分からない。日本のために、アメリカから独立していかないとダメです」と熱く語ります。

●「強行採決しないで」

北海道の会は、道選出の4人の与党参院議員宛てに約1万5300人の反対署名を集めました。高橋春香さん（41）＝学童保育指導員＝は勇気を奮って、子どもが通う保育園の約100人の園児全員の保護者に署名用紙を渡しました。半数の保護者から用紙がかえってきました。「『頑張っているね。ありがとう』と声をかけてくれるママもいました。子どもの未来を脅かす戦争法案は許せない、というママやパパの思いは同じです」と話します。同会は新たに衆参両院議長に宛てた反対署名を集めています。

新潟市東区のママたちは「安保法案を勉強し、反対する会」を結成。「子ども連れで普通のデモにはなかなか参加できない。自分たちがやりやすい形で地元から声を上げよう」と区内の大型スーパー前で、毎週木曜の昼下がりにスタンディング宣伝を始めました。

子育てサークルで弁護士を招き「憲法カフェ」を開いたことが始まりでした。安保法案は憲法違反で、核兵器まで運ぶ可能性がある米軍事支援との内容を知り怒ります。

その思いを伝え、意見を聞きたいと地元選出の自民党国会議員と懇談しました。でも「共感できる答えは得られなかった。それなら自分たちで世論を広げる行動をするしかないということになったんです」。

こう話すのは4歳の男の子を持つ、同会代表の三谷直美さん（44）です。

「安保関連法案に反対するママの会」の人たち（後列）から約２万のメッセージを受け取る各党議員（８月 27 日、参院議員会館）

商店街を歩いてアピールするママの会の女性たち（９月 13 日、札幌市）

神奈川県の会も8月1日、廃案を求める請願署名を横浜市議会に提出。地元の自民党衆院議員ともじかに懇談しました。

石川県の会はネットで募ったメッセージを日本共産党の藤野保史衆院議員をはじめ地元選出の国会議員らに手渡し、反対の思いを伝えました。

兵庫の会は地元選出の鴻池祥肇・参院安保法制特別委員長に「強行採決をしないで」とのメッセージを募り送る取り組みをしました。

（4）全国に50の会

7月に発足した「安保関連法案に反対するママの会」が全国各地に広がりました。「赤旗」の調べによると9月11日現在、38都道府県・50の会がつくられています。

北海道・東北
ママの会@北海道
ママの会とかち（北海道）
ママの会@秋田
ママの会@宮城
ママの会福島

関東
ママの会@東京
ママの会@日野（東京都）
ママの会@墨田（東京都）
ママの会@多摩（東京都）
ママ・パパ・みんなの会@いなぎ・たま（東京都）
ママの会@渋谷・目黒・世田谷その界隈（東京都）
ママの会@神奈川
ママの会@座間・相模原
ママの会・埼玉
ママの会@ちば
ママの会@ちば・やちよ
ママ・パパの会@つくば（茨城県）
ママの会栃木
ママの会@山梨

東海・北陸信越

ママの会。長野
ママの会～新潟～
安保法案を勉強し、反対する会（新潟市）
ママの会ｉｎ浜松
ママの会＠愛知
ママパパの会ぎふ
西美濃パパママ安保法案がこわくてたまらない会（岐阜県大垣市）
ママの会＠石川
ママの会－福井　ＦＵＫＵＩ

関西

ママの会＠関西
ママの会＠大阪
ママの会＠兵庫
ママと有志の会＠尼崎（兵庫県）
ママの会＠京都
ママとばあばの会＠滋賀
ママの会ｉｎ奈良
ママの会＠わかやま

中国・四国

ママの会おかやま
ママの会＊広島
ママの会＠やまぐち
ママの会＠とっとり
ママの会＠島根
ママの会高知
ママの会徳島

九州・沖縄

ママの会＠福岡
ママの会＠佐賀
ママの会～大分
ママの会宮崎
ママの会，鹿児島
パパママの会（熊本）
ｍａｍａぐるみ（沖縄県）

第8章　参院で審議入り　広がる共同　地方からうねり

（1）憲法70年の重み

戦争法案が7月27日の参院本会議で審議入りしました。このとき政府・与党は9月中旬の成立を狙っていました。戦争法案をめぐるたたかいは、いよいよ大きなヤマ場を迎えます。

本会議では、衆院に続いて戦争法案の「違憲性」が相次いで指摘されました。安倍首相は、憲法学者らが一致して「集団的自衛権の根拠にならない」と指摘している1959年の最高裁砂川判決を持ち出して「憲法に合致したもの」と強弁するなど、完全に破綻した議論を繰り返す答弁に終始しました。

日本共産党の市田忠義副委員長は、法案の違憲性を①米国が世界のどこであれ、戦争に乗り出した際、これまで「戦闘地域」とされてきた場所にまで自衛隊がいって軍事支援―兵たんを行う②形式上「停戦合意」がされても、なお戦乱が続く地域に自衛隊を派兵し、治安活動をさせること③これまで政府が一貫して「憲法違反」としてきた集団的自衛権の行使を容認したこと――の3点から指摘。「現行憲法が持つ、この70年の重みをもう一度かみしめるべきだ」として、憲法9条が支えとなって戦後、一人の外国人も殺さず、一人の戦死者も出さなかったこと、国際貢献活動の安全の担保として機能してきたことを強調しました。

また、市田氏は「政府・与党がどんなに耳をふさごうとも、国民の声を遮ることはできない」と述べ、「国中に国民の声を轟かせて、戦争法案を廃案に追い込む」と決意を表明しました。

民主党の北沢俊美議員は「選挙で勝っても、憲法違反は正当化できない。それが立憲主義だ」と強調。「国民が求めているのは対案ではなく廃案だ。われわれは、良心をかけ、廃案を目指してたたかう」と述べ、対決姿勢を鮮明にしました。

政府・与党は昨年の総選挙では戦争法案についての争点隠しに終始しましたが、安倍首相は「総選挙での主要な論点の一つであったことは明らかであり、国民の強い支持をいただいた」などと述べ、民意をゆがめました。また、法案が参院に送付されてから60日以内に議決されない場合、衆院の再議決によって成立させる「60日ルール」の適用についても「参院の判断に従う」として否定しませんでした。

翌28日夜、東京・日比谷公園野外音楽堂は、開会の30分前に超満杯になり、入りきれない人たちが集会と並行して「安倍政権は、今すぐ退陣」などとコールしながら、国会請願デモをおこないました。

主催する「総がかり行動実行委員会」の小田川義和氏は、1万5000人が集ったと報告し、行動提起。「分野、世代をこえて広がったたたかいを確信に、さらに安倍政権の支持率を3割、2割にさせるたたかいを全国ですすめ、廃案に追い込もう」と呼びかけました。

日本共産党から小池晃副委員長（参院議員）ほか7人の党国会議員が参加。小池氏が「党派をこえ立場をこえ世代をこえて民主主義を守る新しいうねりが出てきている。戦争法案廃案、安倍政権打倒へご一緒にがんばりましょう」と訴えると、「がんばるぞ」の声と拍手が起きました。民主党の枝野幸男幹事長、社民党の吉田忠智党首、生活の党の主濱了副代表があいさつ。「安保関連法案に反対するママの会」の池田亮子さん、脚本家の小山内美江子さんらが連帯あいさつしました。

（2）「法的安定性関係ない」／首相補佐官暴言

礒崎陽輔首相補佐官が戦争法案について「法的安定性は関係ない。（集団的自衛権行使が）わが国を守るために必要な措置かどうかを気にしないといけない」などと立憲主義否定の暴言をして波紋を広げました。政府・与党自ら、集団的自衛権行使を禁じたこれまでの憲法解釈を百八十度覆しながら法案の「法的安定性」を強調してきただけに、重大な発言です。

この発言は、礒崎氏が7月26日に大分市内で行った講演でのもの。この中で礒崎氏は「『憲法解釈を変えるのはおかしい』と言われるが、時代が変わったのだから政府の解釈は必要に応じて変わる」とまで述べました。

日本共産党の山下芳生書記局長は27日の記者会見で礒崎氏の発言について、「戦争法案が法的安定性に欠けるもので、これまでの憲法解釈を百八十度変える『違憲立法』だと政府自ら認める発言だ」と批判。「この法案は、参院審議を通じて、廃案にするしかないことがますます明らかになりました」と語りました。

（3）参院質疑　法案の本質明らかに

7月28日から参院安保法制特別委員会で始まった戦争法案の論戦では、法案の違憲性や危険な内容とともに、米国が起こす戦争にいつでも、世界中どこでも「切れ目なく」支援する、究極の対米従属法案としての本質が日本共産党の追及で浮き彫りになりました。

29日の特別委で小池晃副委員長は、米軍の対潜水艦作戦に対する海上自衛隊の洋上給油を想定した海自の内部文書を暴露。さらに戦争法案で米軍のミサイルや戦車など、あらゆる武器・弾薬が輸送できることになると指摘し、中谷防衛相は「除外した規定はない」と認めました。

8月3日には井上哲士議員が、非人道兵器とされるクラスター爆弾や劣化ウラン弾の輸送も排除されないことを追及。自衛隊が行う兵たんの内容は法律上も実態上も無制限であることが浮き彫りになったのです。中谷防衛相は、核兵器や毒ガスなどの大量破壊兵器も法律上輸送可能とも答弁しています。また、8月4日の仁比聡平議員の質問によって、集団的自衛権を行使できる「存立危機事態」の下で日米一体の海上作戦が可能になることを政府は認めました。

参院段階でも政府の答弁不能による審議中断が繰り返され、参院特別委での中断は114回に及びました。

集団的自衛権行使の具体例としてパネルまで持ち出して安倍首相があげた「邦人輸送の米艦防護」について「邦人が乗船しているかどうかは絶対的条件ではない」（中谷元・防衛相）と言い出すなど、参院の論戦では政府があげた集団的自衛権行使の事例が総崩れしました。

参院での日本共産党の論戦で、戦争法案が新ガイドライン（日米軍事協力の指針）の全面的な実行法であることや、その具体化に向けた自衛隊中枢の暴走が大問題になりました。

小池氏が8月11日に暴露した統合幕僚監部の内部資料は、国会審議開始前の5月下旬に作成されたにもかかわらず、法案の「8月成立」を前提に統合幕僚監部が部隊の運用計画を策定していたことを明らかにしました。しかも同文書は、米艦防護の「ＲＯＥ（交戦規定）」策定、「軍軍間の調整所」の設置、法成立を前提とした南スーダンPKO（国連平和維持活動）の行動拡大が明記されていました。

さらに9月2日に仁比氏が明らかにした内部文書には、河野克俊統合幕僚長が昨年12月の訪米時に、米軍幹部に対し戦争法案の今年夏までの成立を表明していたことが記述されていました。野党側は内部資料の確認と河野統幕長の国会招致を求めましたが、政府・与党はかたくなに拒否しました。

（4）学生と学者が共同行動

7月31日、戦争法案に反対する行動を続けてきたＳＥＡＬＤｓと「学者の会」が、初めて共同行動に取り組みました。ＳＥＡＬＤｓが毎週金曜日の夜に行っている国会正門前抗議には学者たちがゲストとしてスピーチするなど、連帯を育んできました。この日は、２つの団体がスクラムを組んで、共同集会、国会請願デモ、夜の国会正門前抗議行動を展開しました。共同集会参加者は４０００人。「私たちは法案の撤回と内閣の退陣を強く求めます」とする集会アピールを採択しました。夜の国会正門前抗議行動には２万５０００人が参加しました。

集会では学生５人、学者４人がスピーチしました。
○**平和主義僕らが守る**／津田研人（けんと）さん＝神戸大院生、ＳＥＡＬＤｓ　ＫＡＮＳＡＩ
戦争でいかなる人も幸せにはなりません。これは歴史が証明していることです。だからこそ、人間は戦争という状況をつくらない努力をしていくことが必要です。

僕たちに求められていることは、戦後70年間、維持してきた平和主義を僕たち自らの手で守っていくことだと思います。

安倍首相は日本を再び「戦争ができる国」へと変えようとしています。安倍首相は、本気で国民の命や平和を考えているわけではない。そうでなければ戦争、自衛隊のリスクという人の命にかかわる事実を否定することはできないはずです。

安倍政権がつくりだすような社会で今後の人生を生きていきたくない。

○国民勇気づけた学生／広渡清吾さん＝前日本学術会議会長、専修大学教授

ＳＥＡＬＤｓのみなさんに、心から連帯のエールを送りたい。これまでの運動は、私たちを大いに励ましてくれました。今回の法案に反対する国民を勇気づけたと思います。

現在の内閣は、反民主主義的、反立憲主義的な違憲の内閣です。加えて、反知性主義の内閣と呼ぶべきです。客観性や実証性を無視して、自分の思うがままに世界を理解する態度であり、「我思うゆえに正当かつ合憲」という立場です。

絶対に採決を強行させないという状況をつくりだすことが必要です。法案に反対する国民の声を結集すること、国会や官邸を10万人、20万人で包囲し、安倍内閣を立ち往生させることが必要だと思います。

○被災地から声あげる／斎藤雅史さん＝東北大学2年、ＳＥＡＬＤｓ　ＴＯＨＯＫＵ

今回の安保法制について、とてもムカムカしました。ひたすら同じ答弁を重ねる首相。民主主義的手続きを軽視する政権のあり方。7月15日、16日の強行採決に強い怒りを感じました。

被災地は震災から4年がたっても復興は終わっていません。復興の仕方も、地元住民の話し合いを経ないままつくられた巨大防潮堤問題など、民主主義の問題は地方でも横たわっていると考えます。

政権は、平和と安全のために集団的自衛権を行使するといいます。武力による「平和」です。しかし、暴力によって得られた「平和」は本当の平和でしょうか。この法案を本当にとめるまで努力を続けます。

そして東北から声をあげたいと思います。

○**民主主義の産声聞く**／岡野八代さん＝同志社大学教授

ＳＥＡＬＤｓのみなさんに心より連帯の意を表したいと思います。

いま民主主義は悲鳴を上げています。日本の民主主義は怒りに、怒号にまみれています。しかし、日本中で新しい、次世代の未来を予感させる民主主義の産声も聞いています。

ＳＥＡＬＤｓはコールで「民主主義って何だ」という声をあげています。「民主主義って何だ」。それは、私が私であるための、あなたがあなたであるための、人類が長い時間をかけてつくりあげた政治システムです。民主主義を破壊するものは、私を破壊します。民主主義をかけたたたかいは、私をかけたたたかいでもあるのです。

今日もまた「民主主義って何だ」と、みなさんとコールしたいと思います。

○**われらには夢がある**／奥田愛基（あき）さん＝明治学院大学4年、ＳＥＡＬＤｓ

国会審議を見ていて、とても腹が立ちます。まともに議論できていないのに、この法案が必要だとおっしゃる。憲法上の議論も何も説明できていない。

憲法は国民の権利です。それを無視するということは、国民を無視するということです。

本当に止めるといっている私たちですが、具体的なプランを出せ、とよくいわれます。しかし、人種差別を撤廃するときに、ワシントンの大行進で「I have a plan」（計画がある）といった人がいるでしょうか。私が言いたいことはこれです。「I have a dream」（夢がある）です。

われわれには夢があります。変えたい未来があります。その未来を私たちは生きていきます。

○**剣取る者は剣で滅ぶ**／桑島みくにさん＝横浜市立大学3年

『戦争のつくり方』という絵本をご存じの方は多いと思います。

「平和」のために自衛隊が武器を持って海外に出て行く。報道が政府の意向に従う。味方の国の戦争にお金を出す。そして、戦争に参加できると憲法を書き換える――。

以前は「ふーん」という感じでしたが、この間読んだらぞっとしました。

誰かを殺してまで勝ち取った「平和」なんて認めません。剣を取る者は剣で滅びます。

私たちが向かっている未来は、絶望ではなくて希望です。必ず変わる、平和な社会をつくるという希望です。

戦争法案を何としても、廃案にします。その先に、どういう社会をつくっていきたいのかを考えながら、活動を続けていきたい。

○**真の民主主義築ける**／高山佳奈子さん＝京都大学教授

中国で反日感情が高まっているとの報道もありますが、なぜ反日感情が高まり、誰が高めているのか。ファシストが台頭すれば、反日感情が高まるのは当然のことといえます。

日本は、武力行使はしない国として国際的な威信を保持してきました。これをやめてしまうことは、国際社会における日本の信頼を傷つけるばかりでなく、現地で傷ついている人びとをも傷つける結果になってしまいます。

いま問題になっているのは、日本が近代国家としての〝箱〟を備えるのか、これを捨てて自らを独裁国家へとおとしめてしまうのかです。

力を合わせれば、真の意味での民主主義は築けるし、若い人たちが希望をもってすすめる日本になることができると思います。

○誠実な知性と想像力で／千葉奉真（やすまさ）さん＝明治大学大学院生、ＳＥＡＬＤｓ

安倍内閣総理大臣、僕とあなたは違いますね。それは権力の大きさでも家柄でもありません。それは知性で色づけられた想像力です。あなたは戦争というすべての人権を否定する、人類の行いで最もおろかな行為に対する想像力が、またその結果もたらされる死への想像力が圧倒的に欠如しています。

不条理を通そうとする政治に対し、悪政の烙印（らくいん）を押し、声をあげることで抵抗の意思を示すことは私たちの権利であるとともに義務であります。

誠実な知性を用いて矛盾と向き合い続けることは、学問という知性を生業（なりわい）とするものの義務なのです。

世代をこえ団結し、安保関連法案に反対します。必ず廃案にします。

○主権者はわれわれだ／中野晃一さん＝上智大学教授

学生たちが立ち上がり、既存の市民運動、そして新たな市民の方がたと手を携えてやってこれるようになったというのは、本当にもう驚きといいますか、希望しか感じません。

何が一番、希望を感じるかといいますと、学生の方たちが口を開く、一般の方たちが、自分たちの言葉で思いを語りだしたときというのは、立憲主義、民主主義というだけじゃなくって、平和主義の言葉を語ってるんです。殺したくない、殺されたくないと。これはすごいことだなと思うんです。

主権者はわれわれだと（安倍政権に）きちんと教えてやろうじゃありませんか。

（5）超党派の動き活発に

自民党も含めた超党派の動きが全国で活発になりました。

自衛隊の内部資料を示し記者会見をする小池晃議員（右）と井上哲士議員（8月11日、国会内）

「戦争法案を廃案に」と、声をあげる集会参加者（7月28日、東京・日比谷野外音楽堂）

学生と学者が共同して開催した集会に参加する人たち（7月31日、東京都千代田区）

●自民県議と市議19人、広島・庄原市民の会結成

広島県庄原市選出の自民党県議の呼びかけで、同市議20人のうち公明党を除く有志19人が賛同し、戦争法案（安保法制）反対を訴える「ストップ・ザ安保法制　庄原市民の会」を7月31日、結成しました。同日夜、市内で開かれた結成会議には、市議、幅広い労働組合や女性団体の代表らも参加するなど、戦争法案廃案へ党派を超えて全市民的な取り組みをめざしており、全国的にも初の動きでした。日本共産党は谷口隆明、松浦昇両市議が参加しました。

結成会議では、呼びかけ人の小林秀矩県議（自民党広島県議会議員連盟）、市議会議長の堀井秀昭氏を正・副会長に選出。「市民の会」として「市民みんなで声を上げ、新安保法制整備法案を廃案にしましょう」と呼びかける取り組みの趣旨を確認し、戦争法案廃案を求める市民署名に取り組むほか、集会を開くことを決めました。

小林会長は、安倍政権の暴挙について「ストップさせるのは国民の力以外にない。（この取り組みは）一滴の水かもしれないが全国に広がってもらいたい」と語りました。

堀井副会長は「日本は法治国家、その中で一番守らなければならないのが憲法だと思う。国へ市民の強い意志を示していきたい」とのべました。

●三次市でも「会」／自民県議ら14人／広島

広島県三次市の自民党県議を含む地方議員有志14人が9月1日、戦争法案の廃案を求める「安保法案反対三次議員連盟」を結成しました。隣接する同県庄原市に続き、党派を超え地方から戦争法案反対の声を安倍政権に突きつける動きで、日本共産党の須山敏夫市議も参加しました。

代表に就任した國岡富郎市議（無所属）は、三次市役所内での会見で「市議会では法案の廃案を求める意見書を可決（7月）したが、それだけでいいのか。市民の中に入って民意を吸い上げ、戦争のない平和な社会を続けていくべきではないかということで立ち上げることになった」と語りました。

同連盟への働きかけは、市議会（定数26）のうち公明2市議を除く全議員に行われ、13人が参加。自民党県議会議員連盟所属の下森宏昭氏が相談役に就きました。会見で、無所属の大森俊和市議は、法案賛成の市議と議論した経験を紹介し、「彼らは疑問に反論できず、国民の多くが自民党、安倍首相を選んだのだからなどという。『自民に一票入れた人でも、命まで預けた人はいないはずだ』と言うと何も答えることができない」とのべました。

●岩手県知事選／5野党党首が共同会見／達増さん勝利で平和の声発信を／志位委員長が表明

野党5党の党首は8月19日、盛岡市で共同記者会見を開き、岩手県知事選（20日告示・9月6日投票）に3期目を目指し立候補を予定している達増拓也知事への支持を表明しました。

冒頭、達増知事は、自民党推薦の予定候補が立候補を断念した背景には「圧倒的な野党結集の力が大きく働いた」と強調。「野党の結集が岩手県における復興推進とともに、安保法案反対の国民の声の全国的なうねりへとつながっている」と述べ、あらためて各党に支援を求めました。

日本共産党の志位和夫委員長は「5野党の一員として達増さんの3選のために全力をあげて支援したい」と表明しました。

その最大の理由として志位氏は、「達増氏が被災者の苦しみに心を寄せ、被災者の立場に立った復興を進めてこられたことです」と説明。東日本大震災直後から、被災した四つの県立病院の再建に道筋をつけてきたほか、医療費負担と介護利用料の免除をずっと継続してきたことや、住宅再建補助に100万円の上乗せをおこなってきたことなどを指摘。日本共産党県議団も達増県政の予算・決算に賛成してきたことを強調しました。

支援の二つ目の理由として志位氏は、達増氏が「違憲の安保法案は白紙撤回すべきだ」と明確に発言したことだと強調し、「本当に心強く思っています」と述べました。

志位氏は、戦争法案について「無制限に海外での武力の行使に道を開くもので、この法案は撤回、廃案にすべきだというのが私たちの立場です。今回の知事選挙で、そのことを堂々と掲げている達増知事が圧勝するという結果が出れば、岩手県から平和の声を全国へ、そして世界へと示すことになり、本当に大きな意義があると考えています」と訴えました。

民主党の岡田克也代表も「この知事選での圧倒的な勝利を起爆剤にして、安保法案を廃案に追い込むために力を尽くしたい」と表明。維新の党の松野頼久代表も「地球の裏側まで行って戦争をするような法案」だと批判しました。

社民党の吉田忠智党首は、立憲主義を否定する憲法違反の戦争法案は「断じて容認するわけにはいかない」と表明。生活の党の小沢一郎代表は「被災者のサイドに立った達増県政は多くの県民の共感を呼んでいる」と強調し、「憲法違反の安保法案の成立は阻止するという一点でみんな一致している。国民のために全力でがんばっていきたい」と述べました。

達増氏は20日、無投票で3期目の当選を果たしました。

(6) 村デモ

●長野・阿智村

戦争法案に反対する行動は、小さな村でもおこなわれました。

人口6500人余の長野県阿智村で7月17日夕、何十年ぶりかのデモが行われ、「戦争やめまい」「未来をぜったいあきらめない」「繰り返すまい、満蒙開拓」などのコールが響きました。母親に抱かれた赤ちゃんから90歳代までの130人が参加。「憲法違反の戦争法」「世界の宝　九条を守れ」と書かれた横断幕やプラカードをかかげて行進。2階の窓を開けてデモを見る村民の姿もありました。

阿智村では8月26日夜、「戦争法案送り火集会―サヨナラ戦争法案」が行われました。戦争法案反対の集会・デモは7月17日に続き2回目で、140人が参加しました。子ども連れのパパ・ママが目立ち、「村デモ町デモ　どこデモアクションを」「戦争はいらんに」など手作りのプラカードが目をひきました。

集会では、呼びかけ人を代表して前阿智村長の岡庭一雄さんがあいさつしました。

この日、「戦争やめまい☆阿智の会」の結成を確認しました。村役場の青年職員が「私たちの住む阿智村は、満蒙(まんもう)開拓団の歴史から多くの教訓を学び、戦争の悲惨さや愚かさを後世に伝える使命を負っています」と結成宣言を読み上げました。

●人口600人、デモ20人／売木村

長野県南部の売木(うるぎ)村(人口590人余)で9月10日、村民有志がよびかけて戦争法案廃案を求めるデモ

行進が行われました。

「戦争法案の強行は許されない」と、Iターン者や子育て中のママを含む村民12人と近隣町など合わせて20人に膨らみました。インターネットで知ってやってきた東京の青年も、飛び入りで加わりました。

清水秀樹村長が駆けつけてあいさつ。「私は国民が理解できない法案には、とても賛成できない」ときっぱり表明しました。

デモのきっかけとなった商店の女性は「父親は戦争でフィリピンに行って、戦争の恐ろしさをいろいろ話してくれた。海外での戦争には、党派・宗派を超えて反対していくとき」と発言しました。

呼びかけ人の一人、檜山美佐江さん（80）は、「表立ったことがなかなかできない村。よくぞこんなに集まった」と感激を話しました。

（7）山口／首相の選挙区で大盛況

安倍晋三首相の選挙区、山口県下関市と長門市で戦争法案を廃案にせよとの声が大きく高まりました。

9月9日夕、自民党支部事務所がある下関市役所前で、約100人が「若者を戦場に送るな」「アベ政治を許さない」と書いた横断幕やプラスターをいっせいに掲げました。しものせき憲法共同センターがよびかけた「しものせきアクション」。

田川章次弁護士や関野秀明下関市立大学教授、日本キリスト教団下関彦島教会の中島純牧師らがリレートークで訴えました。飲食店主が「仕込みの最中で参加できないが、頑張ってくれ」といいにきたり、車から手を振る男性もいました。

「ここへきて、国民の声を聞かず憲法違反の戦争法案をしゃにむに押し通そうとする安倍暴走への批判が強まり、行動に弾みがついてきました」と話すのは熊野譲同センター共同代表。ツイッターやフェイスブックなどSNSでの拡散や、近所にビラを配るよう参加者に依頼し、「首相のお膝元のすみずみまで運動を盛り上げる」と意気込みます。

長門市での一点共闘の前進は、首相の祖父寛氏と父晋太郎氏の墓がある浄土真宗本願寺派大津西組の住職たちの勇気ある行動からでした。昨年6月に「集団的自衛権を容認せず、憲法を厳守する」要望書を、今年6月には「安全保障関連法案に反対し、廃案を求める」要望書を安倍事務所に提出。首相の行いが、政党が自ら解党し戦争を推進した大政翼賛会の推薦を受けずに衆院議員に当選した寛氏や、「憲法9条を大事にしろ」が口癖だった晋太郎氏の思いをふみつけにすることであると説いています。

5日には、長門市油谷で小林節慶応大学名誉教授を招いて講演会を開催しました。500人の会場に、600人近くが駆けつける大盛況でした。

住職やクリスチャンら多くの人と協力し、講演会成功に尽力した一人、前原寿一さん(73)は「安倍3代の選挙で活動してきた人や、首相の顔も見たくないとテレビを切る人が次々会場にやってきました。戦争反対、反骨の安倍家の伝統を守れという地元の思いをさらに広げていきたい」と話しています。

(8) 黙って見ているわけにはいかない――ミドルズ

黙って見ているわけにはいかない――。SEALDsや「ママの会」の行動は、「今声を上げなければ」とさまざまな層の心を揺さぶりました。

「現在進行中の民主主義の危機の責任は、私たち親世代にある」――。戦争法案に反対する「ミドルズ」は7月末、こんな声明とともに産声をあげました。メンバーの中心は40代から60代。「自分が参加できる場をやっと見つけた」（横浜の女性）、「『何もしなかった世代』なんて言われたら悔しい」（東京の男性）と、同世代をひき寄せています。

8月22日夜には、初めての国会前抗議アクションを実施しました。バンドセットを持ち出し、生演奏にあわせて「後方支援でドンパチやるな」「戦争法案絶対反対」とコール。代表の岩脇宜広さんは、「いま再び、二度と戦争をしないことを誓う」と結ぶ「戦後70年声明」を高らかに発表しました。

自然発生的に宣伝チームが生まれ、メンバーをモデルにポスターを次々と作成してネットにアップ。「大人だって黙ってないぞ。」をはじめ、ネットプリントのプラカードも情勢に合わせて随時更新しています。高齢者世代がつくる「ＯＬＤｓ（オールズ）」が東京・巣鴨駅前でおこなった抗議スタンディングなど、他のグループが主催する行動にも合流。ツイッターやフェイスブックで発信を続けています。

戦争法は、海外に住む人びとの命と安全を脅かします。「ＯＶＥＲＳＥＡｓ」（安保法制に反対する海外在住者・関係者の会、オーバーシーズ）は8月半ばに発足。フェイスブックで「安保法案ノー」を呼びかけたところ、数日でメンバーは数百人規模にふくれあがりました。

発起人の一人、中溝ゆきさんはこう話します。「とくにヨーロッパや中東に行ったみなさんが共通して語るのは『憲法9条、平和が日本のブランドになっており、それが日本人の安全を守っている』ということです。現地で『平和憲法ってすごいね』といわれる」

フェイスブックの「発信版」で、世界各地からのメッセージを連日アップ。プラカードをかかげた写真をのせ、アクションへの参加を呼びかけます。「ニューヨーカーズ、集まれー。安倍首相を盛大にお迎えするよ」「フランス・パリも安保法撤回のデモやります！」「イギリス在住日本人による交流会を行います」などなど、戦争法成立後もその勢いは衰えません。

「ストップ・ザ・安保関連法案」庄原実行委員会の結成会議であいさつする小林秀矩県議（7月31日、広島県庄原市）

村デモ。「戦争やめまい」「繰り返すまい満蒙開拓」などとコールしてデモ行進（7月17日、長野県阿智村）

村デモ。「いやです戦争法」の横断幕を掲げて村内をアピールする人たち（9月10日、長野県売木村）

安倍首相の地元で戦争法案ノー。横断幕やプラスターを掲げる人たち（9月9日、山口県下関市）

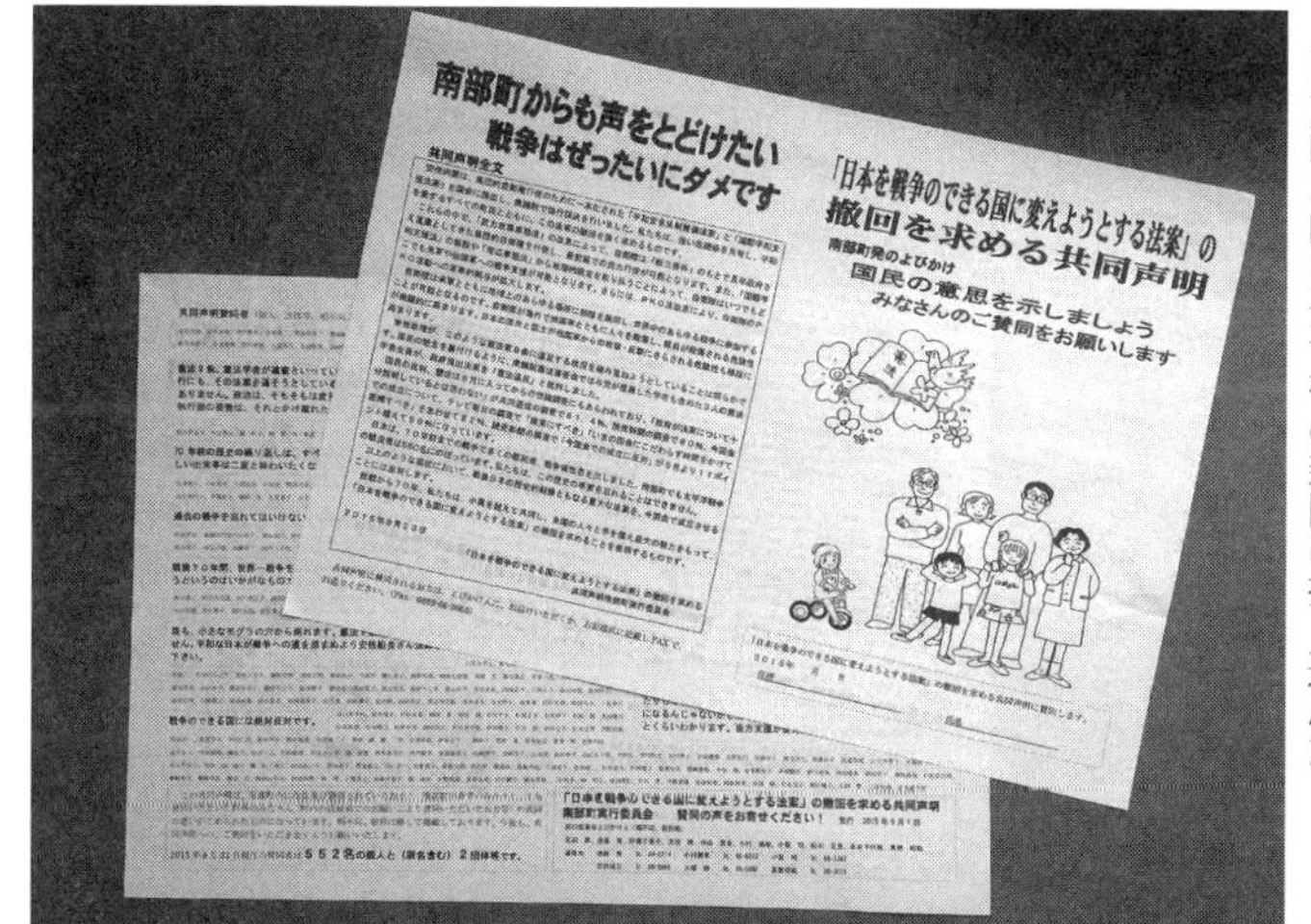
南部町からも声をとどけたい
戦争はぜったいにダメです

「日本を戦争のできる国に変えようとする法案」の
撤回を求める共同声明

南部町発のよびかけ
国民の意思を示しましょう
みなさんのご賛同をお願いします

鳥取県米子市に隣接する南部町（約1万1000人）では約500人の実名入りの共同声明を町内全世帯の新聞に折り込んだ

戦争法案に反対するミドルズの抗議アクションに集まった人たち（8月22日夜、国会正門前）

■第9章　若者行動バージョンアップ

（1）全国いっせい行動

8月23日、全国の若者たちが戦争法案の廃案を求めていっせいに立ち上がりました。北海道から沖縄まで、確認できただけでも21都道府県で集会やデモ、ロングラン宣伝などがおこなわれました。首都圏の学生たちでつくるSEALDsが呼びかけたもの。東京では、SEALDsの「表参道デモ」、若者憲法集会実行委員会の「戦争法案つぶすデモ＠吉祥寺」などが繰り広げられました。

○**「ひたすら声を上げる」**／東京・表参道

学生を中心に、学者や親子連れなど幅広い6500人（主催者発表）が、東京・港区の表参道駅周辺をデモ行進し、「戦争法案絶対廃案」「安倍を倒せ」の声を響かせました。主催はSEALDsです。

SEALDsの芝田万奈さん＝大学3年生＝が「このデモは若者が呼びかけているけど、日本国民みんなの問題です。一緒にがんばりましょう」とあいさつしました。

大学生や高校生がスピーチ。高校2年生のタクヤさんがマイクを握り、「戦場に行き、命をかけてたたかうのは僕たち自身です。憲法違反を犯した政治家たちではない」と訴えました。大学1年生の伊勢桃李さんも「平和安全法制の下に、私や私たちの求める平和はありません。私は、多くの人の不断の努力によって守られた憲法をないがしろにする現政権に怒っています」とスピーチしました。

東京都八王子市から参加した望月翔平さん（21）＝大学4年生＝は「僕はもともと自民党支持者でした。政権を任せるなら自民党と思っていた。でも今は、立憲主義も無視し、太平洋戦争と同じ道を歩んでいるようで、裏切られた気分です。ひたすら反対の声を上げ続けます」。

沿道では手を振っていく女性や、ピースサインを向ける人、家から出てきてデモを見つめる住民や、パンフレットを受け取る店員などが目立ちました。

○法案つぶす／東京・吉祥寺

同じ23日に、東京・吉祥寺駅周辺では、若者ら約１０００人が「戦争法案つぶすデモ」を行いました。主催は若者憲法集会実行委員会です。

友人と参加した東京都日野市の会社員、渡辺わこさん（25）は、「法案が通ったら、日本がこれまで培ってきた平和への努力が台無しになってしまう」と心配します。「自衛隊を戦場に出すことが国際貢献ではありません。絶対に憲法９条を変えてほしくない」

「法案の内容もやり方もひどい」と憤るのは、東京都大田区から参加した弓田真歩(まゆ)さん（24）です。「自衛隊が戦場に行くのに、どこが平和貢献だというのか。安倍首相は国民の命なんてどうでもいいと思っている。早く安倍政権をやめさせなくては」と話しました。

白石純也さん（29）は8月16日に大田区で「大田若者デモ」に取り組んだ仲間8人で参加しました。「実際に戦争になれば行くことになるのは僕ら。自分たちの問題として声を上げなくては。戦争法案は絶対阻止したい」

吉祥寺駅周辺の繁華街では、バスの中や陸橋の上から手を振る人の姿もありました。「かっこいいから写メしまくっちゃいました」と、スマートフォンのカメラで撮影していた都内の高校1年生の女生徒2人は、「70年間も戦争していなかったのだから、もう戦争をする必要はない。戦争に行きたくもないし、これ以上悲しい思いをする人をつくってはいけない」と話し、「自分たちの代わりにデモをしてくれてありがたいです。がんばって」とエールを送りました。

○**台風に負けず**／沖縄・北谷

8月15日に結成された「ＳＥＡＬＤｓ　ＲＹＵＫＹＵ」（シールズ琉球）も23日、北谷(ちゃたん)町で「戦争法案に反対する緊急アピール」を行いました。台風が接近し激しい雨が降る中、約５００人が集まり、音楽のリズムに合わせて「どこが平和だ戦争法案」「勝手に決めるな」「辺野古を守れ」と声を響かせました。

名桜大生の小波津義嵩さん（19）は「戦争の手伝いなんてしたくない。平和憲法で平和はつくれます。集団的自衛権も日米安保も基地も必要ない。戦争しない市民に僕たちがなりましょう」とスピーチしました。

日本共産党の赤嶺政賢衆院議員ら県選出野党国会議員がメッセージを寄せました。

（2）学生スピーチ

全国でいっせいに行われた若者行動。学生2人のスピーチを紹介します。

○**声をあげ未来を守ろう**／東京・表参道／ＳＥＡＬＤｓ・大学1年生　伊勢桃李さん（19）

平和安全法制という違憲の法案が（衆院で）強行採決され、その法案は慎重な審議はされず、この前の国会答弁で総理は「どうでもいいじゃん」というヤジを飛ばしました。

この前、流出した防衛省の情報は、法案成立後の自衛隊のスケジュールまで組んでありました。そんなことはしてはならないといわれてきたにもかかわらず、無視して作成し、揚げ句の果て、流出したら「知らない」と中谷防衛大臣はいいました。こんな暴挙が今、実際に行われています。

違憲の法案を通すなんておかしいし、強行採決するなんておかしい。慎重な審議もできずイライラして幼稚なヤジを飛ばす総理もおかしいです。

欠陥だらけの平和安全法制の下に、私や私たちの求める平和はありません。私は、多くの人の不断の努力によって守られた憲法を、そして平和をないがしろにする現政権に怒っています。

私はしゃべるのが苦手だし、うまく反対する理由をいえないかもしれません。でも、私は学ぶことをやめないし、間違えていることには間違えていると、違憲なものには違憲だと、人権くらい守れと、私やそしてきっと仲間たちもいい続けるし、黙りません。

政治は政治家に任せればいいとか、デモは怖いとか、友だちがいなくなりそうだとか思って、体が萎縮していませんか？　こうやって路上に立つことは恥ずべきことではありません。私は後悔して、声を押し殺して泣くようなことはしたくないし、そうするしかないような世の中にしたくありません。そんな世の中なんて次の世代に受け継ぐことはできません。

もし、あなたもそれが嫌だと思うなら、一緒に声を上げて歩きましょう。一人の人間が声をあげることこそ、今求められています。一人ひとりがパワーです。その力をあきらめることも捨てることもしないでください。民主主義や未来を守るために使いましょう。

あなたがあなたであろうと努力する限りは、決して無力なんかではありません。平和は、民主主義は、未来は、私や、デモ参加者、街を歩いているみなさんの手の中にあります。

○**安倍政権終わりの始まりだ**／東京・吉祥寺／若者憲法集会・大学1年生　小林俊一郎さん（19）

山梨県の都留市に住んでいるんですが、まだ20年生きていない短い人生の中で、その多くの時間をこの吉祥寺で過ごしました。今こんだけ安保法制が話題になって、全国各地で反対するデモが起きていて、僕の生まれ育った吉祥寺がその一部を担っているということがうれしいです。

僕は安倍政権に怒っています。というか安倍晋三に怒っています。

変えたい11本の法案を二つにまとめて、審議する気もなく、意味のない言葉ばかり連ねて口先でごまかそうとする態度にめちゃくちゃ頭にきています。

法案一つ一つが人の命に関わることなんですよ。本当は法案1本につき100時間以上審議したって足りないくらいじゃないスか。

それを二つにまとめて適当に審議するってどう考えてもおかしいでしょ。日本の人たちなめてるでしょ。この前ポロッと本音出てましたよね。「どうでもいいんじゃん」って。どうでも良くないんだよ。本当に「どうでもいい」と思ってるんだったら、総理大臣辞めろってことですよ。

日本の政治が間違っているんじゃないかっていうのは、僕は長いこと、そういう意識を持ってきました。中学2年の合唱コンクールは僕の心の中で思い出に残っていて、日付は3月11日でした。めちゃくちゃ揺れて怖くて、家に帰ってからも津波の映像を見て本当に悲しい気持ちになりました。

でもそれから数日間はずっと怒ってました。原発の問題です。放射能いますぐ体に影響がないとか、そんなこと言ってる場合じゃないでしょって思いました。でも一番怒っているのは原発という名の時限爆弾を地震や災害の多いこの国にこんなにたくさん建てたってことです。おかしいでしょ。

勉強すればするほど分かりました。

僕は安倍政権に本当に怒っているんですけれども、安倍政権もボロボロですよね。支持率下がりまくって、まだ下がりそうですよね。

安倍政権は絶対につぶれます。でも安倍政権がつぶれるっていうのはそれ以上の意味があります。今まで続けてきた無責任で国民のことを考えられない日本の政治の終わりの始まりです。安保法制は終わりの始まりの第一歩です。だから2015年8月23日、僕は安保法制に反対します。

(3) 若者団体が合流

全国各地で自主的に戦争法案に反対する青年たちのグループが一堂につどいました。8月30日に行われる国会前緊急抗議行動(「総がかり行動実行委員会」とSEALDsの呼びかけ)を前に、8月29日、東京都内で「安保法制に反対する全国若者記者会見」を行いました。約50人の若者が参加。同法案に反対する思いを語りながら、「全世代が一緒に抗議できると思い、協力したい」と、「8・30大行動」成功への決意をのべました。

会見には、SEALDsや、高校生をはじめ、大阪、滋賀、三重、高知、熊本、福岡、長崎、宮城、沖縄などから12団体が参加しました。「SEALDs TOHOKU」(シールズ東北)のメンバー、菅原ひかりさんは「震災で日常をなくし、今回の安保法案を目の当たりにし、もう黙っていられないと思いました。東北から来る仲間と、ここにいる若者とともに声をあげます」と話しました。

各団体から自己紹介を兼ねて発言がありました。福岡県で戦争法案反対の活動をする西南学院大学の後

戦争法案廃案を訴え、繁華街をデモ行進する人たち（8月23日、東京都武蔵野市）

SEALDs RYUKYUのよびかけで「戦争法案絶対廃案」とコールする若者たち（8月23日、沖縄県北谷町）

全国から集まった若者団体の記者会見（8月29日、東京都千代田区）

「戦争法案反対」と声をあげて歩く「みんなデモ」参加者たち（8月23日、福岡市中央区）

SEALDsがよびかけた「表参道デモ」に参加する人たち（8月23日、東京都港区）

藤宏基さんは「戦争が始まってから『あの時反対しておけばよかった』と思いたくない。記者会見で多くの若者と会って、力をもらった。一緒に声をあげていきます。地方からももっと大きくしたい」。

○8月29日の「安保法制に反対する全国若者記者会見」に参加した各地の若者グループ

SEALDs　東京
SEALDs　TOHOKU　宮城
WIND（ウィンド）　三重
SEALDs　KANSAI　関西
SADL（サドル＝民主主義と生活を守る有志）　大阪
しーこぷ。（Shiga Constitution Peace）　滋賀
PEDAL（ペダル＝Peaceful Endless Democracy Against war for Life）　高知
FYM（Fukuoka Youth Movement）　福岡
N-DOVE（エヌダブ）　長崎
WDW（We Disagree with War in Kumamoto）　熊本
SEALDs　RYUKYU　沖縄
T-ns　Sowl（ティーンズ　ソウル）　高校生

■第10章　国会前に12万人

（1）「オール法曹、オール学者」

5月26日の審議入り以来、3カ月あまりの審議で法案の危険性とボロボロぶりが浮き彫りになりました。国民のたたかいはさらに広がります。

●署名34万人

日本弁護士連合会（日弁連）は8月26日、院内学習会「『安全保障法制』を問うｐａｒｔ３」（ｐａｒｔ１は6月、ｐａｒｔ２は7月に開催）を参院議員会館で開催。この日までに日弁連が取り組んできた戦争法案反対の請願署名計33万９２４４人分を国会に提出しました。同日、史上初の「オール法曹、オール学者」３００人が一堂に会しての合同記者会見をおこない、「戦争法案は廃案しかない」とアピール。同日夜には、日弁連が主催して、「立憲主義を守り抜く大集会＆パレード」を開催しました。

9月19日、参院本会議で戦争法案が採決強行されると、「立憲民主主義国家としてのわが国の歴史に大きな汚点を残したもの」と抗議する会長声明を同日発表。「改正された各法律および国際平和支援法の適用・運用に反対し、さらにはその廃止・改正にむけた取り組みを行う」と表明しています。

(2) 各大学で有志の声明相次ぐ

「学者の会」の広がりに連動して、戦争法案に反対する有志の会が全国に広がりました。法案採決時(9月18日)には42都道府県で149の大学関連の団体が反対の声明をあげました(一覧表)。声明を出した会の形態はさまざまです。単独の大学人有志の声明。都道府県単位で複数の大学の有志が呼びかけた声明。都道府県単位で、大学人だけではなく弁護士や文化人と共同の声明。都道府県を越えて東日本大震災の被災3県(岩手県、宮城県、福島県)の複数の大学人が呼びかけた声明などです。声明の発表は、衆議院での法案が強行採決された7月16日前後に急速に広がりを見せました。

8月26日に東京都内で開かれた「100大学有志の共同行動」はその広がりを示しました。全国の87大学、253人の大学教員が一堂に記者会見を行い、「学者の会」の呼びかけ人の一人の佐藤学学習院大学教授は「各大学で自主的な動きがわきおこり、かつてない広範な共同がつくられている」と述べました。日本全国の知性が総結集し、戦争法案に反対の意思を示したのです。

少なくない大学人の声明は立憲主義、民主主義、平和主義の危機を指摘するとともに、それぞれの大学の歴史を振り返り、大学設立の理念から戦争法案に反対を表明したり、かつてのアジア・太平洋戦争への大学の加担を反省し法案に反対しています。教員有志とともに学長の川島堅二さんが呼びかけ人となった恵泉女学園大学の「アピール」は「大学建学以来、平和をつくりだす女性を育てることを使命としてきた私たちは」戦争法案に反対するといいます。一橋大学の有志の会の声明は「一橋大学は、文科系学生の徴兵猶予の撤廃にともなって多くの学生を戦地に送りだした」「（一橋大学は）戦時体制に組みこまれていった歴史をもっています」と指摘しています。大学人が各大学の固有の歴史から戦争法案に反対している姿が見えます。

●戦争法案反対の有志の声明を出した大学

北海道内の複数の大学、北海道大学、北海道教育大学、札幌学院大学、北海学園大学、室蘭工業大学、北星学園大学、酪農学園大学、名寄市立大学、弘前大学、被災地3県の複数の大学、岩手大学ほか共同、東北大学、福島大学ほか共同、茨城大学、筑波大学、宇都宮大学、群馬大学、高崎経済大学、千葉大学、東京基督教大学、東邦大学、獨協大学、埼玉大学ほか共同、東京大学、東京学芸大学、東京農工大学、東京芸術大学、東京外国語大学、一橋大学、東京工業大学、電気通信大学、首都大学東京、青山学院大学の3団体、桜美林大学、学習院大学・学習院女子大学、慶応大学、恵泉女学園大学、国際基督教大学、上智大学、清泉女子大学、創価大学、大東文化大学、中央大学、東京経済大学、東洋大学、日本大学、法政大学、明治大学、明治学院大学、明星大学、武蔵大学、立教大学、和光大学、早稲田大学の2団体、成蹊大学、東京理科大学、東京電機大学、日本体育大学、帝京大学、専修大学、日本女子大学、國學院大學、東京女子大学、武蔵野美術大学、横浜市立大学、神奈川大学、フェリス女学院大学、静岡大学、新潟大学、上越教育大学、敬和学園大学、山梨大学ほか共同、信州大学ほか共同、長野大学、金沢大学、富山大学ほか共同、福井大学、名古屋大学、愛知教育大学、名古屋市立大学、愛知大学、愛知東邦大学、愛知学院大学、名古屋学院大学、中京大学、日本福祉大学、名城大学、岐阜大学、情報科学芸術大学院大学、岐阜経済大学、三重大学、三重短期大学、滋賀大学、滋賀県立大学、京都大学、京都工芸繊維大学、京都教育大学、京都府立大学、京都橘大学、立命館大学の2団体、同志社大学、花園大学、仏教大学、龍谷大学、京都産業大学、京都女子大学、大阪大学、大阪市立大学、大阪府立大学、関西大学、大阪大谷大学、大阪観光大学、奈良女子大学、奈良教育大学、天理大学、和歌山大学、神戸大学、神戸市看護大学、神戸市外国語大学、関西学院大学、神戸女学院大学、岡山大学、広島大学、山口大学、下関市立大学、鳥取大学、島根大学、島根県立大学、香川大学、愛媛大学ほか共同、高知大学ほか共同、九州大学、福岡教育大学、北九州市立大学、西南学院大学、福岡大学、大分大学、佐賀大学、熊本大学、熊本県立大学、熊本学園大学、鹿児島大学ほか共同、沖縄国際大学

●強行採決直前の東大でのシンポジウム

法案成立10日前の9月8日、東京大学本郷キャンパスで「東京大学人緊急シンポジウム」を開催し、350人が参加しました。主催は7月10日の「緊急集会」と同じ大学関係者の実行委員会で、教員、元教員、卒業生がシンポジストとして発言しました。

参議院での強行採決直前のシンポジウムには、東京大学卒業の国会議員が激励に訪れました。経済学部卒業の亀井静香衆議院議員は「こんな状況は憲政史上初めてではないか」と日本の政治状況を憂い、東大での戦争法案反対の運動を「日本の歴史にかならずきちっとした前向きな足跡を残していく」と激励しました。教育学部卒業の日本共産党の宮本徹衆院議員は、「最後を決するのは国民の世論です」「戦争をしない国を次の世代にしっかり手渡す、この結果を勝ち取ろう」とあいさつしました。大学の取り組みが立場を超えた政治家の「共同」の場となりました。

各大学ののぼりを掲げて行われた「100 大学有志の合同記者会見」
（8月26日、東京都千代田区）

東京大学人緊急シンポジウム（9月8日、東京都内）

（3）陸自現役幹部「赤旗」に語る

「政府と自衛隊は（海外での武力行使で）フリーハンドを求めている」。陸上自衛隊の幹部自衛官が、安倍政権が強行成立を狙う集団的自衛権行使のための「戦争法案」について「しんぶん赤旗」の取材に応じ、胸中を語りました。（山本眞直記者）

◇

同幹部はこの中で日本共産党の小池晃参院議員が独自に入手し、暴露した統合幕僚監部の内部文書をめぐる安倍首相らの「シビリアンコントロール上、問題ない」との態度に、「法案をめぐって事前の検討はある」としながらも、「その内容は国会への報告、説明を通じて同時進行で国民に公開されるべきだ」と政府・自衛隊の独走、隠ぺい体質を批判しました。

統幕文書に示された「駆けつけ警護」について、「問題は駆けつけ警護による事態の拡大がある」との不安、懸念を表明しました。

統幕文書によれば、ＰＫＯ（国連平和維持活動）で外部との連絡・調整や現場周辺の警備や情報収集活動中に「たまたま戦闘に遭遇した」「弾がとんできた」として武器使用（国際的には武力行使）ができるとしています。

「自衛隊は統幕文書の存在を隠し、都合の悪いことは隠ぺいし、国民に真実を伝えない。柳条湖、盧溝橋事件のように武力衝突をきっかけにどんどん拡大していった旧日本軍の歴史がある。〝駆けつけ警護〟の真相は秘密保護法で秘匿され、検証不可能だ。結果的に戦争拡大をアメリカと一緒に図ることも否定できない」

同幹部は、戦争法案がかかげる米軍などへの「後方支援」の危険性について、自身の経験にふれ、「（前方と後方の）二つの戦場でのたたかいになる」と指摘します。

「日米共同演習で『後方戦闘司令部』の戦闘作戦を体験した。これはイラク戦争やアフガン戦争での教訓から、米軍が自衛隊に求める戦闘概念だ」といいます。

戦闘部隊への燃料、弾薬や水、食料を補給する兵たん部隊や施設が置かれる後方地域とよばれるエリアでも、武装勢力や〝非戦闘員による自爆攻撃〟などで死傷者が絶えなかった経験から、後方戦闘司令部での戦闘作戦の指揮・統制の強化・重視が迫られている、というのです。

「自衛隊も後方司令部を置いてきたが、補給物資の統制が主。日米共同演習では戦闘作戦も想定し、上級幹部は〝（前方と後方の）二つの戦場でたたかう〟を繰り返していた。陸自には後方戦闘作戦の教範はなく、手探りの演習だった。安倍首相がいう〝リスクは低くなる〟はその場しのぎのでまかせだ。隊員のリスクは計り知れない」

（4）憲法の大原則変更は国民の支持なく不可能

元最高裁判所判事の那須弘平弁護士に見解を聞きました。（聞き手・山沢猛記者）

○言うべき責任

私は中立公正を本質とする最高裁の判事の職にあったことを考慮し、単なる政策の当否に関する政治問題については、発言を控えてきました。しかし、国を運営する元となる憲法の大原則に深刻な変更が加えられるとすれば、全く別の問題になります。法律家として、いうべきことをきちんという社会的責任がある、と考えます。

今回、安倍内閣によって憲法解釈の変更がおこなわれ、これを踏まえて安保法案が提出されたわけですが、一内閣が閣議決定でこれまでの憲法解釈を変更することには限界があるはずです。まず、その解釈変更について、これを必要とする緊急、重大かつ明白な事態が現に起きているのか、あるいは起きようとしているのかが問題になりますが、そうした事実の指摘もなされていません。

また、1972年の政府見解では、9条で自国の平和と安全を維持するための自衛の措置が禁じられていないとする一方で、「集団的自衛権の行使は憲法上許されない」といっているわけですから、これまでの政府見解とも整合しません。憲法解釈の変更は一般の法律と同様、あるいはそれ以上に論理的にすじみちが立っていなければいけないのに、あいまいなままです。これでは、集団的自衛権の行使は違憲といわざるを得ません。

さらに、論理的に説明がつけばそれでいいというものではありません。今回の憲法解釈の変更は、実質的に憲法の基本原則に重要な変更を加えるものですから、国会で論議をつくしたというだけでは足りない。憲法改正には国民投票をやってその過半数の賛成が必要であるのと同じく、この種の解釈の変更も国民の多数からの支持なしには不可能だというべきでしょう。それには時間もかかるし、議論の深まりも必要です。現状をみると、今回の法案は国民の多数に支持されているとは言い難く、今後ともほとんど不可能であると私は見ています。

尖閣列島、北朝鮮、あるいはホルムズ海峡等多くの問題があり、これからも生じることでしょうが、これらは、軍事で解決しようとすればかえってマイナスになり日本の安全を脅かします。外交で解決すべき問題です。憲法もそういうことを想定したうえで「政府の行為によつて再び戦争の惨禍が起ることのないやうにすること」を決意し、これを憲法前文に明記しています。

「国民を守るため」というのが政府の大義名分ですが、現実に個々の紛争で武力の行使をしたら国民の一部である自衛隊員が命を失うことになります。その背後にいる国民を深刻な危険にさらすことにもなります。

○憲法前文の誓い

第2次世界大戦の悲惨な体験の上に立ってできたのが日本国憲法であり、その魂ともいうべきものが憲法前文だと理解しています。大戦で200万人をこえる兵士たちが異国に倒れて還(かえ)らなかった。一般国民も、原爆、空襲などで命を落とし、財産を失った。周辺諸国の人々にも筆舌に尽くせぬ犠牲と被害を与えた。その日本が、滅亡の淵(ふち)まで追い詰められた後に、きわどいところで踏みとどまって反省し、謝罪し、不戦を約束することで生き残ることを許された。その誓いの言葉が前文です。

アメリカ独立宣言、フランス人権宣言はそれぞれが国民の尊い血と汗と涙と引き換えに築き上げた新国の指導原理、ともいうべきものです。日本の憲法前文も新しい国づくりの原理をうたいあげ、その後の国家経営の基本となり、そのように運営されてきました。憲法前文の理念なくして、現在の日本はあり得なかった、という意味で共通するものがあると考えています。

前文は法的拘束力を持たないというのが通説ですが、それとは別に制定当時の国民、あるいは将来の国民に向けられた政治的文書としての意味があったことを無視してはならない。この前文がまったく似ても似つかぬものに変えられてならないことは当然ですが、閣議決定という非正規の方法で行われる場合であっても、前文の示す大原則に反したり、改変するようなことには賛成できません。

前文の締めくくりには「日本国民は、国家の名誉にかけ、全力をあげてこの崇高な理想と目的を達成することを誓ふ」とあります。

憲法の理念が破棄されようとしているいま、異国の戦場に散っていった兵士たち、戦火の中で非業の死を遂げた国内外の人々にたいして、私たちはこの前文の誓いを十分に果たしたと胸を張って報告できる状況にあるのか。このことを政治家、法律家はもちろんのこと、国民一人ひとりが自身の良心に問うてみる必要があると思います。

(5) 戦争法案ノー／12万人怒りの包囲／全国1000カ所超

違憲立法・戦争法案の廃案と安倍政権の退陣を迫る「国会10万人・全国100万人大行動」が8月30日におこなわれました。北海道から沖縄まで列島津々浦々に戦争法案と安倍政権への怒りのコールがとどろきました。国会大行動を呼びかけた総がかり行動実行委員会が「12万人の参加で成功した。全国1000カ所以上で数十万の人がいっせいに行動に立ち上がった」と紹介すると、大歓声がわきあがりました。戦争法案に反対する最大の全国行動になりました。主催者は9月8日からの大宣伝、国会集会、座り込みの連続行動を提起し、「安倍政権を倒すまで必ずやりぬこう」と訴えました。

午後1時45分、国会正門前は、「ウォー」という歓声と拍手とともに、あふれた参加者で歩道も車道も完全に埋め尽くされました。身動きできない人の波です。子どもを抱いたママ、キャリーバッグを引いた若い男性、プラカードを持って初めて国会に来た学生……。「安倍やめろ！」と書いた特大の垂れ幕つき風船もあがりました。国会にむけ老若男女、全世代が心ひとつに「戦争法案いますぐ廃案」「安倍政権は今すぐ退陣」と怒濤のコールを響かせました。

国会正門前に特設されたメーンステージでは、国会論戦と国民の圧倒的運動で参院段階で廃案めざそうと野党4党首がそろいました。

日本共産党の志位和夫委員長はじめ民主党の岡田克也代表、社民党の吉田忠智党首、生活の党の小沢一郎代表がマイクを握り、スピーチしました。ともに手を握りあい、参加者と一緒にコールしました。

作家の森村誠一さん、学者の袖井林二郎さん、憲法学者の浦田一郎さんらが次々にスピーチ。音楽家の坂本龍一さんは「これを一過性にせず、行動を続けてほしい。僕もみなさんと一緒に行動します」と語ると、大きな拍手がおきました。

シールズ関西の寺田ともかさんは「主権者の声を安倍さんは聞こえますか。この国の進むべき道に責任をもっている一人として、この法案を許すことは絶対にできません」と訴え、「安倍はやめろ、戦争反対」とコールしました。

日比谷公園霞門前のメーンステージで、アニメーション監督の宇井孝司さんは、アニメの語源が「アニマ（命）」であるとし、「今、命をないがしろにして脅かそうとする力が働いてる。平和憲法が殺されようとしている。何としても止めたい」と訴えました。

東京都板橋区から参加した大竹芳恵さん（44）は「安倍首相はこの12万人の声を聞くべきです。きっと、この場所に来たくても来れない人がいる。その人のためにも行動に参加し続けたい」と語りました。

●「国会10万人行動」

◎5氏のスピーチ／メーンステージ

○行動続けて／音楽家　坂本龍一さん

音楽家、坂本龍一さんは、安倍政権が戦争法案強行に乗り出したことで「最初は現状に絶望していたが、シールズや女性たちが発言しているのを見て、日本に希望があると思っている」と語りました。「ここまで政治状況ががけっぷちに来て、私たち日本人の中で憲法と9条の精神が根付いていることを示してくれた。ありがとうございました」と述べると、参加者から拍手がわき起こりました。

「憲法9条が壊されようとしているときに民主主義を取り戻すことは憲法の精神の上でとても大事なことだと思う」とし、「民主主義にとってフランス革命に近いことが起きている」としました。

○感無量です／映画監督　神山征二郎さん

「55年前の5月、60年安保闘争で大学に入ったばかりの僕はこの場所にいた。そのとき10万人だった。今日は映画人九条の会としてきました。感無量です」と切り出した映画監督の神山征二郎さん。

山田洋次監督、俳優の倍賞千恵子さん、大竹しのぶさんらも九条の会の呼びかけに応じて一緒にやってくれています、と報告しました。

神山さんは、新藤兼人監督が98歳のときに残した名作、「一枚のハガキ」のリーフを掲げ、「50年のお付き合いだったが、新藤さんは最後まで、戦争はダメだ、戦争はダメだと、そのことばかりを遺言のようにいいつづけて亡くなった。その思いを引き継いでいかなければ」と力強く語りました。

○芽をつぶす／名古屋大学名誉教授　池内了さん

「安全保障関連法案に反対する学者の会」の池内了さんは、安倍政権が戦争法案の強行を狙うと同時に、科学の軍事利用に乗り出していることを批判しました。「海外に出かける兵士に武器を与える研究をさせようとしている。今始まろうとしているからこそ芽をつぶすことが必要だ」と科学者としての決意を表明しました。

「安保法案を廃案にさせ、安倍政権を退陣に追い込むことが日本を救う道だ」とし、「より広く、より深く安倍ノーを突きつける機会をどんどん広げていこう」と呼びかけました。

○運動の結実／反原連　ミサオ・レッドウルフさん

首都圏反原発連合（反原連）のミサオ・レッドウルフさんは、今回の「国会10万人行動」が原発反対の官邸前行動で最大規模だった3年前を思わせるものだとのべ、「3・11以後の運動の結実であり、民主主義が実を結び、人々のなかに定着してきているあらわれです」と語りました。

安倍政権は世論を無視して原発再稼働を強行したと批判し、「国にとって大きな曲がり角。憲法に違反する戦争法案を圧倒的な世論を無視して強行するなど絶対に許してはなりません」と強調。「きょう10万人以上が集まったことは、日本の民主主義の一ページを大きく開き、法案を廃案にするカウンターパンチになるものです。主権者たる私たちの声をあげ続けましょう」と訴えました。

○平和でこそ／落語家　古今亭菊千代さん

背中に「9」の入った紋付きを着て駆けつけた落語家の古今亭菊千代さんは、「落語は平和でないと聞いてもらえない」と芸人仲間に呼びかけて「芸人9条の会」を結成したと紹介しました。

「落語家は政治的発言をすべきではない」といわれるなか、ここに来ることを「一晩悩みました」と語った菊千代さん。「でも、やっぱり、あの人（安倍晋三首相）を許せないんです」と語ると、参加者から「そうだ」の声と大きな拍手がおきました。

「一日も早く安倍政権を辞めさせ、廃案にさせなければなりません」と述べ、「この信条は決して曲げずに、落語家として頑張っていきます」と訴えると、「頑張ろう」と声援が送られました。

◇◇

◎愛と平和、歌で伝える／国会前
○戦争しない未来を／政権よ、これが民意だ／中高生ら300人が披露

「国会10万人行動」に先立ち、国会前で愛と平和、自由を願う歌声をひびかせたのは、埼玉県飯能市の私立自由の森学園中学校・高等学校の有志の生徒たち300人です。

中高生12人が11日にフェイスブックを立ち上げてよびかけ、この日は在校生100人、卒業生と保護者200人が集合。

実行委員のひとり宮城愛理さん（高校3年）は「戦争への境界線を踏み越えてはいけない。あきらめず、愛するため守るため言葉をつなげていきたい」とスピーチ。大きな拍手をうけました。

ミュージカル「レ・ミゼラブル」の挿入歌「民衆の歌が聞こえるか」や「ヒロシマの有る国で」などを歌唱しました。

昨年、生徒が創作した創立30周年記念歌「世界がいつか愛で満たされますように」も披露。作曲した平山連さん（高校3年）は、「短期間にたくさんの人が応えてくれた。みな同じ思いだから。うれしい」と話しました。

◎〝国家の名で人の命を消費、そんな未来絶対止めたい〟

○SEALDs KANSAI 寺田ともかさん＝（22）大学4年生＝のスピーチ

私たちはいま、こみ上げてくる怒りや衝動を肉体的な暴力や一時的な快楽でごまかすことなく、言葉と不断の努力に変えて、ここに集まっています。

安倍首相、私たちの声が聞こえていますか。この国の主権者の声が聞こえていますか。自由と民主主義を求めるひとたちの声が聞こえていますか。人の命を奪う権利を持つことを拒否する人間の声が聞こえていますか。

イラクでの米軍の無差別殺人は戦争犯罪です。この（戦争）法案が通ることによって、こういった殺人に日本が積極的に関与していくことになるのではないかと、本当にいてもたってもいられない思いです。

すべての命には絶対的な価値があり、私はそれを奪う権利も、奪うことを許す権限も持っていません。なぜなら、いくら科学技術が進歩しても私たちは死んだ人を生き返らせることはできないし、奪った命を元に戻すことはできないからです。

この法案を許すことは、私にとって自分が責任のとれないことを許す、ということです。それだけは絶対にできません。私はこの国の主権者であり、この国の進む道に責任を負っている人間の一人だからです。

70年前、原爆で、空襲で、ガマの中で、あるいは遠い国で、失われていったかけがえのない命を取り戻すことができないように、私はこの法案を認めることによって、これから失われるだろう命に対して責任を負えません。

私の払った税金が弾薬の提供のために使われ、遠い国の子どもたちが傷つくのだけは絶対に止めたい。人の命を救いたいと自衛隊にはいった友人が、国防にすらならないことのために犬死にするような法案を絶対に止めたい。

国家の名のもとに人の命が消費されるような未来を絶対に止めたい。敵に銃口を向け、やられたらやるぞと威嚇するのではなく、そもそも敵をつくらない努力をあきらめない国でいたい。平和憲法に根ざした新しい安全保障のあり方を示し続ける国でありたい。

私はこの国に生きる人たちの良識ある判断を信じています。国民の力をもってすれば戦争法案は絶対にとめることができる、と信じます。

いつの日か、ここから、今日、一見、絶望的な状況から始まったこの国の民主主義が、人間の尊厳のために立ち上がるすべての人びとを勇気づけ、世界的な戦争放棄にむけてのうねりになることを信じ、2015年8月30日、私は戦争法案に反対します。

◇◇◇◇◇◇◇◇◇◇◇◇◇◇◇◇◇◇◇◇◇◇◇◇◇◇◇◇◇◇◇◇◇◇◇◇◇◇

(6)「赤旗」特別号外を配布／「おっ、早い」と話題呼ぶ／東京・大阪

8月30日、国会議事堂前や霞が関周辺では、日本共産党本部の勤務員や赤旗記者らが刷り上がったばかりの「しんぶん赤旗」特別号外を配布しました。カランカランとベルの音とともに「本日の『大行動』を報道しています」と声をかけると参加者が「早いね。共産党」などと言って次々と手を差し出しました。時折雨が強く降るなか、30分で2万5000部がなくなりました。

東京都杉並区に住む大学生、吉田修司さん(23)は、号外を四つ折りにしてかばんに入れました。「大

切にします。いつか家族ができたとき、『パパは戦争法案に反対したんだよ』という記念です」

「公明党支持者も怒っている。元創価学会員」と書いたポスターを持った千葉県船橋市の男性（83）。「安倍暴走を止めるどころか、『平和』『福祉』の看板を投げ捨てても政権にしがみつく。地域でもどんどんそっぽを向かれている」と話し、「知人に」と3枚の号外を持ち帰りました。

大阪市北区の扇町公園で開かれた「安倍政治を許さない　戦争法案を廃案に　8・30おおさか大集会」では、「しんぶん赤旗」特別号外1万部が配られ、「おっ、早い」「国会周辺もよく集まっているな」と話題になりました。同志社大学に通う女子学生（19）は、「東京でもたくさんの人が声を上げている。全国各地で声を上げて絶対に廃案にしたい」と話しました。

（7）8・30「相当な数。これは大変」

「8月30日の行動は想像以上だ。写真を見ても確かに国会前を埋め尽くしている。来ている人も若い母親など、組織動員ではなく一般市民が増えている。どんどん広がっている」

戦争法案の廃案を求め、12万人の人々が国会を包囲した8・30大行動について自民党議員の一人はこう述べ、参院での同法案の採決強行の難しさをにじませます。（中祖寅一記者）

●大きなヤマ場だ

国会前の様子を見に行ったという議員の一人は、「主催者発表と警察発表など人数についてはいろいろな見方があるが、いずれにしても相当な数だ。『これは大変だ』と思った。SNSを使い、あれだけの人が自発的に集まったのはインパクトだ」と語ります。

他方、「内閣支持率が一時下がったものの微増している。そのため党内にはそれほど強い反応は出ていない。この後、世論調査に跳ね返り、採決までに再び不支持が逆転すれば危機感に変わる。これからが大きなヤマ場だ」と述べます。

法案に反対する民主党関係者は、「日本でこんなことが本当に起こるとは思っていなかった。革命前夜というと大げさだが、すごいことが起こっている」と話します。8・30大行動の成功は「永田町」の動きにも大きな衝撃を与えています。

閣僚経験者の一人は「（衆院で再議決する）『60日ルール』はやらない。無理だ。参院で採決までいく。どちらにしても強行になるが、そのほうが傷は浅い」と国民世論の動向を意識しました。

他方、別の閣僚経験者は「参院が採決をやりたくないといっても、いつもは『参院の独自性』を言っているのだから、きちんとやってもらわなければ」と、参院自民党の中にある強行採決消極論に対しクギを刺します。

メディア関係者の一人は「30日の大行動を見て自民党の足がすくんでいる。参院の自民党は来年の選挙を恐れ、衆院は『60日ルール』を使ったときの国民の憤激を恐れ、それぞれの思惑で語っている」と言います。事実上、衆院側と参院側で強行採決を押し付け合うような状況です。

戦争法案廃案、安倍首相退陣を求めてコールするママたち（8月30日、国会正門前）

大阪市の扇町公園を埋め尽し、「戦争アカン！」のプラカードを手にアベ政治を許さないと声をあげる大集会参加者（8月30日）

戦争法案廃案へと訴え行進する人たち（8月30日、北海道旭川市）

国会正門前の車道まで埋め尽しコールする若者たち（8月30日）

「戦争法案反対」「アベ政治を許さない」などのプラカードを掲げ、戦争法案に抗議する在仏日本人ら（8月29日、パリ〈島崎桂撮影〉）

手を握りあい、参加者と一緒にコールする野党４党首。右から社民党の吉田党首、日本共産党の志位委員長、民主党の岡田代表、生活の党の小沢代表（8月30日、国会正門前）

「赤旗」号外を受け取り、歓声をあげてのぞき込む若者たち（8月30日、東京・国会周辺）

■第11章　国会緊迫　豪雨の中で「廃案を」

（1）野党が結束

9月に入ると、参院での採決をめぐって国会は一気に緊迫しました。自民党内でいわゆる「60日ルール」を使って戦争法案成立を強行する動きが浮上したり、9月8日告示の自民党総裁選をめぐっても戦争法案審議との関係で緊張が走ったりしました。自民党の谷垣禎一幹事長と公明党の井上義久幹事長は9日に会談し、16日の委員会採決で一致。野党は結束を強め、これを支える「廃案」の声も強まりました。

●結束した対応を確認／7党・会派が党首会談

野党7党・会派の党首会談が9月4日、国会内で開かれ、政府案の強引な採決を阻止することと、来週再び党首会談を開き、どうやって阻止に追い込むか対応を協議することで一致しました。野党7党・会派の党首会談は9月11日にも開かれ、国民の声に応えて、野党が一致結束して、「安保法案」＝戦争法案阻止のために、あらゆる手段をつくして頑張りぬくことを確認しました。

党首会談ではつぎの3点を合意しました。

1点目は、16日の参院安保法制特別委員会での採決を与党幹部が公言していることに関して「論外であり断じて認められない」と確認したうえで、①特別委員会での地方公聴会開催と2回目の参考人質疑の実施②これを受けた審議の継続③河野克俊統合幕僚長の国会招致——の3点を要求していくことです。

2点目は、安保法案の強引な採決に断固として反対し、成立を阻止するためにあらゆる手段を講じ結束して対応していくことです。「あらゆる手段」のなかには内閣不信任案、参院での問責決議案の提起などが含まれています。状況を見極め、必要に応じて今後も党首会談を開いて対応を協議していくことを確認しました。

3点目は、野党の全議員の認識を一致させ、成立阻止を図るために、党首会談の確認をふまえて7野党・会派の「合同集会」を週明けの適切な時期に開くことです。

会談後、日本共産党の志位和夫委員長は記者団に対し、「参院（で審議する）段階に入って、党首会談は2度目です。一歩一歩、結束の強化が確認されているのは重要です。国民の6割以上が今国会成立反対といっています。国民の声に応えた野党の結束が本当に大事です。戦争法案阻止のために頑張りぬきたい」と表明しました。

党首会談では、関東と東北地方で発生した豪雨災害の被災者へのお見舞いとともに、政府に対して人命最優先で万全な対応を行うこと、国会としてもしっかりとした対応をとるために衆院予算委員会での集中審議を求めていくことが、あわせて確認されました。

（2）ホコ天埋める1万2000人

学生と学者たちは9月6日、東京・新宿駅近くの歩行者天国で廃案を訴えました。強い雨が降るなか、大通りは1万2000人（主催者発表）であふれました。ここにも野党の代表が参加。日本共産党の志位和夫委員長、民主党の蓮舫代表代行、社民党の吉田忠智党首、元公明党副委員長の二見伸明氏がステージで手を結んでアピールしました。

主催したのは、SEALDsと「安全保障関連法案に反対する学者の会」です。

スピーチした国際基督教大学4年生の栗栖由喜さんは「命は取り戻せない。それなのに『責任を持つ』ということがどれだけ無責任か、首相は知るべきです」と訴え。

大学4年生の佐藤大さんは「いま声を上げているのは、戦争法案が成立すると『暮らしを守りたい』『未来を守りたい』という誰もが考える当たり前のことが失われてしまうことを人々が知っているからです。抵抗の声をあげていきます」と話しました。

国立天文台名誉教授の海部宣男さんは「世論調査で半分以上がこの法案に反対なのに、力で押し通すことは民意の圧殺というしかない。憲法9条は日本や世界の宝です。徹底的に立ち向かっていきましょう」と呼びかけました。

「こういう取り組みは初めて見ました」と話すのは買い物で訪れた東京都府中市の会社員の女性（26）です。「若い人が多くてイメージが変わって、行動が身近になった。みんな同じように危機感を感じているんだと思えました。デモなどにも行ってみたい」

(3) 土砂降りの中で

●新宿埋め尽くす熱気

「総がかり行動実行委員会」が9月8日、東京・新宿駅西口でおこなった「戦争法案廃案！　安倍政権退陣！　大街頭宣伝」は、土砂降りでした。「強行採決ゼッタイ反対」と書いたプラカードを掲げた人たちで数十メートル先の歩道橋のデッキまで埋め尽くされました。日本共産党の志位和夫委員長、民主党の岡田克也代表、社民党の福島瑞穂副党首（参院議員）、生活の党の主濱了副代表（同）が宣伝カーでがっちり手をつなぎ、「国会の中と外で手をつないで廃案までがんばりぬこう」という訴えに、聴衆から歓声とともに「安倍政権を倒すぞ」という声があがりました。

安保関連法案に反対するママの会から町田ひろみさん、ＳＥＡＬＤｓの奥田愛基さんらが廃案にむけて訴えました。町田さんは「世界中のママと一緒に、だれかの子どもであるみなさんと一緒に廃案になるまでともにがんばりましょう」と訴えました。

「中央公聴会の日程を強行議決したことに怒っている」と切り出した奥田さんは「安倍がどうでようとも民主主義はとまらない」と強調。「戦争反対」「強行やめろ」とコールしました。

●廃案まで声あげ続けよう／豪雨つき5500人／東京・日比谷

「総がかり行動実行委員会」が東京都内で大集会と、国会と銀座方面へのデモ行進を行った9日夜も、台風による激しい雨が降っていました。日比谷野外音楽堂での集会では、学生や学者、弁護士、野党4党

野党７党・会派の党首会談。左から３人目は志位和夫委員長（9月 11 日、国会内）

東京・新宿の歩行者天国で強い雨の降るなか、コールをする「安全保障関連法案に反対する学生と学者の共同行動」の参加者（9月6日）

（共産、民主、社民、生活）の国会議員らが発言。「安倍台風を吹き飛ばし、希望の虹をかけよう」との訴えに、５５００人（主催者発表）の参加者は大きな拍手で応えました。

「安全保障関連法案に反対する学者の会」を代表して、学習院大学教授の佐藤学さんがスピーチ。「安倍政権への怒りをたいまつにして、たたかいの炎をもやし続けよう」と語りました。ＳＥＡＬＤｓの伊勢桃李さん（19）は「違憲で欠陥だらけの法案を通すわけにはいかない。一緒に頑張っていきましょう」と訴えました。

●国会前で連続行動開始

戦争法案の廃案、安倍政権の退陣を求めて10日、「総がかり行動実行委員会」とＳＥＡＬＤｓが国会正門前での連続行動をスタートさせました。雨が降るなか、４０００人（主催者発表）が参加。映画監督のジャン・ユンカーマンさん、被爆者の代表らが次つぎとスピーチ。「追い詰められているのは安倍政権です。退陣までたたかいぬく」との発言に大きな拍手が起こり、「戦争したがる総理はいらない」とコールしました。

被爆者の代表が初めて国会前でマイクを握りました。共産、社民、生活の3党から国会議員が参加して訴えました。

○**被爆者のたたかい、9条が支えた**／日本被団協事務局長　田中熙巳（てるみ）さん

戦争法案に反対して国会正門前でマイクを握った日本原水爆被害者団体協議会（日本被団協）事務局長の田中熙巳さん（83）は、次のように訴えました。

日本被団協は、70年前に広島と長崎に投下された原爆によって殺され、また、私のように生きのびてい

る被害者の集まりであります。

全国に生き残っている被爆者は18万人います。この被爆者が47都道府県に会をつくって、これまで核兵器の廃絶と被害に対する国の責任を問うて、70年、あるいは60年たたかってきました。60年というのはなぜか。原爆を落とされて10年間、私たちは完全に放置されました。日本政府が初めて対策をたてたのは原爆が投下されてから12年後です。実にささやかな援護でした。

それから60年、「戦争は絶対にしてはいけない。再び私たちとおなじ苦しみを味わわせてはいけない」という思いでたたかってきました。

そのたたかいの支えになったのは日本国憲法であり、第9条であります。原爆の被害を受けて、日本は絶対に戦争しないことを決めたのが9条です。私たちにとって本当に励ましであります。

私たちは、世界にむかって憲法9条は21世紀の政治の規範だと言ってきました。この9条が今、大変な危機におちいっています。9条を変えることは絶対に許すことはできません。

9条の解釈をいいかげんに変えて、集団的自衛権の行使を容認する安倍政権は許すわけにいきません。ただちに、退陣させるべきです。

安倍政権を支えている自民党議員たちのだらしなさを許すわけにいきません。次の選挙では、安倍政権にしたがった自民党議員をすべてひきずりおろすことを誓い合いたい。

これから戦争になれば、最後の戦争は核戦争です。核戦争では人類が滅びます。それは被爆者が、体験を通して信じていることです。

日本は戦争をやるべきではない。攻められたときは守りますよ。だけどもそれ以外のときに、武器をとってよその国に戦争にいく。こんなことは絶対にやってはいけないことです。それをやろうとしているのが安倍政権です。ぜひ、国会議員にがんばってもらい、廃案を実現したい。がんばりましょう。

（4）「今、立ち上がらないと」／SEALDs TOKAIが始動

SEALDs TOKAI（シールズ東海）は9月13日、JR名古屋駅前で結成後初の街頭パフォーマンスを行い、戦争法案反対の思いをぶつけました。8日に結成したばかりにもかかわらず、1500人を超える10代、20代の参加者が「戦争する国どえりゃー反対」と思い切り声を張り上げました。

主催者が設立理由を宣言。「東海地方は重工業や自衛隊基地がある地域。三菱重工の工場内に外国戦闘機（F35）の整備工場ができると聞いたが県民には知らされていない。私たちが立ち上がって戦争する国づくりに反対しよう」と訴えました。

名古屋大学大学院生の村田峻一さん（24）は、「重工業がある東海で立ち上がらないといけないと話し合った」と語りました。

日本共産党の本村伸子衆院議員がスピーチしました。

（5）デモ拡大にゆらぐ自民／野党結束、採決日程後退

「16日に地方公聴会を開くというのは本当か。採決じゃないのか」。自民党閣僚経験者の一人は想定外の事態に驚きの表情を見せます。

戦争法案を審議する参院安保法制特別委員会は、野党の要求を受け入れざるを得なくなり、16日に地方

公聴会を横浜市で開催することを決定しました。同日中に国会に戻り、そのまま委員会採決まで突破する強硬論もくすぶりますが、「16日の採決は事実上難しくなった」（自民党関係者）といいます。

自民、公明の与党執行部は、中央公聴会開催の強行議決（8日）に続き、〝16日の委員会採決・参院本会議緊急上程→成立〟という強行日程で「合意」していました（9日）。自民党総裁選で無投票当選を告示日の8日に決めた安倍晋三首相が参院側への圧力を強めました。

一方、国会前では11日にも若者はじめ1万の市民が戦争法案廃案の声をあげました。野党は同日、日本共産党、民主党などで7党党首会談を開き、法案阻止のためあらゆる手段を尽くして頑張りぬくことを確認しました。

政府・与党が描いた16日決着という強行日程は、こうした野党共闘と国民の厳しい抵抗で押し返されたのです。

15日の中央公聴会には、参院としては史上最大の95人の応募がありました。すべて「反対」の立場。全国の大学、地域、地方の山村でも、反対の動きはぐんぐん広がっています。

「20日からの連休前には必ず終わらせる」と発言していた自民党の谷垣禎一幹事長。11日の会見では「多少ゆとりがなきゃ、後ががたがたになるおそれがある」と述べました。自民党関係者の一人は「執行部はデモの拡大をひどく気にしている」と述べます。

自民党有力議員の一人は、「自衛隊の危険は拡大しないと言ってきたが、戦死者が出る。国民の覚悟はできていない。自衛隊の内部資料が暴露されたのは遺憾だが、イケイケの議論をする自衛隊幹部は、現場の隊員とは感覚が離れている」と述べます。

戦争法案を押し通す自信が次第に揺らぐ自民党。ずるずる後退する採決日程。これに対し「必ず止める」と広がり続ける運動――。勢いの差は歴然です。

（6）廃案求めスト／JMIU支部／全労連が全国統一行動

全労連の「戦争法案ゼッタイ廃案！全国統一行動」のよびかけにこたえて9月9日、全国各地の職場でストライキ・集会の開催、地域での街頭宣伝、デモなどが取り組まれました。

東京都荒川区のJMIU（全日本金属情報機器労働組合）大東工業支部では、埼玉、大阪の両分会の全組合員あわせて71人が午後1時から30分間のストライキに決起しました。

職場集会が開かれ、「戦争法案及び労働法制改悪案の廃案を求める職場決議」を採択。組合員らが「アベ政治を許さない」などのプラカードを掲げました。組合の代表が、どしゃぶりの雨のなか王子駅前で宣伝しました。

支部の芝山哲也委員長は、「組合員の団結のもとに戦争法案に反対できることは大きいことだと思う。何もせずに、これから先を迎えたら後悔する。廃案にむけて精いっぱいがんばっていきたい」と表明しました。

JMIUの生態茂実委員長が激励にかけつけ、他支部では社長や管理職からもストへの賛同があることを紹介し、「戦争法案は絶対に通してはならない」とよびかけました。

「団結がんばろう」のコールを担当した青年組合員が「1歳の子どもがいます。戦争のある未来はいりません」と語りました。

（7）労働組合の存在意義をかけて

「ふたたび白衣を戦場の血で汚さない」（医労連＝日本医療労働組合連合会）、「教え子を再び戦場に送らない」（全教＝全日本教職員組合）、「二度と赤紙を配らない」（自治労連＝日本自治体労働組合総連合）、「国家公務員をふたたび戦争の奉仕者にさせない」（国公労連＝日本国家公務員労働組合連合会）、「平和こそ最大の福祉」（福祉保育労＝全国福祉保育労働組合）――。労働者があの戦争に否応なしに組み込まれていった痛苦の教訓から、平和の旗を掲げ続けてきた労働組合が、その存在意義をかけてたたかいをくりひろげました。

医労連は、従軍看護師の制服と白衣を半分ずつ身に付けたビラを作成。宣伝で広げた横断幕は、大きな反響を呼びました。「その人らしく命を輝かせる手助けこそ私たちの仕事。傷ついた兵士を治療して、ふたたび戦場に送り出すような仕事は二度としたくない」（中野千香子委員長）という、医療・介護労働者の叫びです。

教え子を戦場に送らないという全教のスローガンは、「目の前の大切な子どもを戦場に送り出してしまった、心をえぐられるような体験から生み出されたもの」（蟹澤昭三委員長）。「全国教職員投票」を通じて5万人余の教職員と平和について対話。兵庫高教組の教職員は、勤務校の門前で教え子にビラを手渡しました。

自治体労働者は、赤紙（召集令状）を配り、財産の供出を迫る役割を担わざるを得ませんでした。自治労連は「憲法を生かし、住民の生活を守るという自治体労働者の役割を、もう一度職場から見つめ直して、足を踏み出すとき」（猿橋均委員長）だとして、憲法キャラバンでは1年で全国1788自治体のうち623自治体を訪問し、懇談。さらに、自治体首長にあてて「憲法をめぐるメッセージ」を要請、第1次分として49人の首長からメッセージが寄せられています。

ストライキ権を行使してたたかう組合の姿もありました。医労連、JMIU、全印総連、出版労連などでは職場集会を開き、宣伝やデモに参加しました。

（8）若者ら2万／関西

「戦争法案の廃案を求める声を大きく可視化し、関西から政権に圧力をかけよう」と9月13日、関西の青年11グループによるデモが行われ、2万人が大阪・御堂筋をパレードしました。

主催は、近畿2府4県で戦争法案に反対して運動する青年、学生、高校生、障害者の有志11グループ。日ごろは個別に活動する青年たちが初めて結集しました。

音響設備を積んだサウンドカーが6台走り、「憲法守れ」「今すぐ廃案　戦争法案」などラップ調のコールが、2時間半にわたって御堂筋に響きました。

沿道で、デモを動画撮影していた女性（29）は「熱気にぐっときた。仕事中でなければ後について歩きたかった。この様子をSNSで広げたい」と話しました。

出発前の集会では4グループがスピーチ。障害当事者や福祉職員の有志「ぐらり」の瀧川晴日さん（19）は、「私は障害と性別への違和感をもつマイノリティー。七十数年前のドイツでは、障害者は生きる価値がないと殺された。国の役に立つかどうかで人の価値が決まる国にしたくない」と語りました。

日本共産党の清水忠史衆院議員と倉林明子参院議員、民主党の参院議員らが連帯のスピーチをしました。

(9)反戦人文字／広島

9月13日には、広島市の中央公園で「ストップ！戦争法ヒロシマ集会」（実行委員会主催）も開かれ、約7000人が「NO WAR NO ABE」の人文字をつくりました。

石口俊一実行委員長は「立憲主義を壊すことは許さないと、人文字で意思表示をしたい」とあいさつしました。

日本共産党の大平喜信衆院議員、民主党の参院議員、生活の党の元衆院議員、社民党の県連代表が連帯あいさつ。無所属衆院議員がメッセージを寄せました。大平氏は「違憲立法であり、廃案にするしかない。国民のたたかいが安倍政権を追い込んでいる。ともに頑張ろう」と呼びかけました。

参加者は「戦争法案の成立阻止へ、たたかいを大きく発展させる」とのアピールを採択。集会呼びかけ人の16人を代表して、湯浅正恵広島市立大教授は「殺し殺される国になれば、究極の人権侵害となる。私は、安保法案にも安倍政権にも反対する」と訴えました。

(10)戦争法案緊迫4万5000人／廃案の声、国会包む

緊迫する週初めの9月14日夜、「強行採決絶対反対」「廃案」を訴える4万5000人（主催者発表）の人波で国会正門前の車道と歩道が埋め尽くされました。廃案を迫る大行動は午後1時からの座り込みから、

「アベ政治を許さない」を掲げてアピールするストに決起したJMIU組合員ら（９月９日、東京都荒川区）

国会正門前でマイクを握る日本被団協の田中熙巳事務局長（９月10日）

コールするSEALDs TOKAIの青年たち（９月13日、名古屋市・JR名古屋駅前）

安保法制と安倍政権の暴走を許さないと、記者会見する演劇人・舞台表現者の会（９月９日、東京都新宿区の文学座アトリエ）

近畿2府4県から若者ら2万人が集まった、大阪・御堂筋パレード（9月13日）

静岡県で若者たちが初めて行ったアピールウォーク（9月13日、静岡市葵区）

夜の若者による集会まで終日続きました。午後6時半からの「総がかり行動実行委員会」による大集会では、日本共産党の志位和夫委員長、民主党の岡田克也代表ら野党各党の代表らがスピーチして手をとり合いました。ノーベル賞作家の大江健三郎さんらがマイクを握りました。

(11) 中央公聴会・地方公聴会

戦争法案に反対し、廃案を求める声が国会の内でも外でもますます広がる中で、安倍政権と自民・公明の与党は、採決を強行する動きを強めています。15日の中央公聴会、16日の地方公聴会をうけ、その直後にも締めくくり総括質疑と採決を強行しようとしました。公聴会は、国民の声を聞き、審議を充実させるために開くものです。公聴会さえ開けば採決してもいいなどというのは、国会のルールを破壊し、国民の声を踏みにじるものにほかなりません。

●戦争法案廃案しかない／元最高裁判事・学者・学生／中央公聴会

参院安保法制特別委員会は15日、識者ら6人を招き、中央公聴会を開きました。過去10年間で最多となる95人の応募者から選ばれた学生団体・SEALDsの奥田愛基(あき)氏（明治学院大学生）ら4氏が、法案の採決に強く反対を表明しました。

●中央公聴会4氏の発言

○合憲性チェックしたか疑う／元最高裁判所判事　浜田邦夫氏

今法案は、憲法9条の範囲内ではないというのが、私の意見です。わが国の最高裁は、憲法や成立した法律について違憲であると判断した事例が非常に少ない。ではなぜ日本では裁判所に、憲法判断が持ち込まれないかというと、（今はない）内閣法制局が60年以上にわたり、非常に綿密に政府が提案する案の合憲性を審査してきたからです。今回の法制は、この伝統ある内閣法制局の合憲性のチェックがほとんどなされていないと疑っています。これは将来、司法判断にいろいろな法案が任されるような事態にもなるのではないか。

（合憲性の根拠として）政府側は（1959年の）砂川判決と昭和47年（1972年）政府見解をあげますが、判決や法文そのものの意図とはかけ離れたことを主張する。これは悪しき例であり、とても法律専門家の検証に耐えられない。47年見解も作成経過、当時の国会答弁を考えると、政府側が強引に「外国の武力行使」の対象を「我が国」に限っていたのを、「日本に対するものに限られない」と読み替えをするのは暴論です。法案は最高裁で違憲ではない、（との結論が出る）というような賛成派の楽観論には根拠がありません。

私がここに出た理由としては、日本の民主社会の基盤が崩れていくという大変な危機感があったからです。言論・報道・学問の自由、大学人がこれだけ立ち上がって反対しているということは、（安倍政権と今法案は）日本の知的活動についての重大な脅威であることの象徴です。

政治家のことを英語では、ポリティシャンとステーツマンという二つの言い方がある。前者は目の前にある自分や関係ある人の利益を優先する。後者は国家百年の計という、自分の孫子の代の社会の在り方を心して政治を行う者です。どうか国会議員の皆様、そういうスタンスから「ステーツマン」としての判断をして、知性と品性と理性を尊重していただきたい。

○日本の国が危険な方向むく／名古屋大学名誉教授　松井芳郎氏

本法案の中心である集団的自衛権の原型は、第2次世界大戦前のイギリスの表明です。スエズ運河を想定して、大英帝国にとって死活上の利益にかかわる地域への攻撃に対しては自衛権を発動する。日本も満州国を想定して、1932年の「日満議定書」で同じような考えを表明していました。

こういう風に見ていくと、そもそも集団的自衛権という考え方は、先進国が海外の帝国主義的な権益を守るために考え出された概念であることを出発点としておさえておく必要があります。

これを今の時点で改めて、集団的自衛権の行使を可能にすると議論することは、日本の国の方向性として、そういう危険な方向に向く可能性があると危惧（きぐ）されます。

（戦争法案では）集団的自衛権行使の対象としてホルムズ海峡の機雷封鎖があげられることがありますが、海峡の機雷封鎖は武力攻撃ではありません。これに対しては個別的であれ、集団的であれ自衛権を行使することはできません。

また、紛争地から退去する邦人を乗せた米軍艦の保護があるという例もあげられていましたが、軍艦は武力紛争時には合法的な攻撃目標になります。軍艦で民間人を退避させることは考えられません。これらを集団的自衛権とからめるのはおかしな話です。

また、集団的自衛権を認めることは、憲法解釈として立憲主義に反するだけでなく、日本は個別的自衛権しかもたないという政府の憲法解釈が前提となってつくられた日米安保条約の事実上の改定を国会の承認もなく行うという点でも、立憲主義に反すると思います。

○憲法の門、蹴破るようなもの／慶応義塾大学名誉教授　小林節氏

今度の法律案では、内閣の判断で自衛隊を海外に派兵できます。これが一番決定的な法状況の変化です。

不戦の状態から戦争可能な状態に入る。戦争法案以外の何物でもありません。

なぜ、現在は自衛隊を外に出せないのか。憲法9条2項は、陸軍、海軍、空軍、その他の戦力はもてないとし、後段で交戦権を否認しています。それで（日本に侵略国が）入ってきたら、法的には警察だが、軍隊のごとき腕力を持った自衛隊で追い返す＝「専守防衛」という憲法原則が自民党内閣によって確立され、その応用系として、海外派兵が禁止されてきました。

今、明白に違憲な法律が多数決で強行されようとしています。最高権力者である総理大臣、国権の最高機関である国会で、明々白々に違憲なものを平然と押し通す。国の主たる主権者国民が権力担当者に課した制約である憲法を無視するというのは、独裁政治の始まりです。

この法案を正当だと言う方は「憲法論だけで論じるな」とおっしゃる。だけど、そういう人は憲法論をすっとばして安全保障論だけ、つまり「自衛のための必要最小限（の武力行使）」を超えて、必要なら何でもできる議論。これでは法治国家でも立憲国家でもなんでもない。まず憲法内でできることを追求し、それで足りないところは、自民党の党是である憲法改正で提案してください。

かつて私は（改憲要件を緩和するための憲法96条の改定を）〝裏口入学〟と申し上げました。今度は正門の突破です。入ってはいけない、閉じられた門を蹴破って入るようなものです。

○私たち主権者、世代超え反対／シールズ　奥田愛基氏

つい先日も国会前では、10万人を超える人が集まりました。この行動は国会前だけではありません。私たちが調査した結果、日本全国2000カ所以上、数千回を超え、累計130万人以上が路上に出て声をあげています。

強調したいのは、政治的無関心と言われていた若い世代が動き始めているということです。私たちはこ

の国の民主主義のあり方、未来について、主体的に一人ひとり考え、立ち上がっています。

「政治のことは、選挙で選ばれた政治家にまかせておけばいい」。この国にはそのような空気があったと感じています。それに対し、私たちこそが主権者であり、政治について考え、声をあげることは当たり前なのだと考えています。その当たり前のことを当たり前にするために、これまでも声をあげてきました。

いまやデモは珍しいものではありません。路上に出た人々がこの社会の空気を変えたのです。

いまの反対のうねりは、世代を超えたものです。70年間のこの国の平和主義の歩みを、先の大戦で犠牲になった方々の思いを引き継ぎ、守りたい、その思いが私たちをつなげています。私は今日、そのなかの一人として、国会に来ています。

この法案の審議のはじめから過半数近い人々が反対していました。そして月を追うごとに反対世論は拡大しています。

結局、説明をした結果、しかも国会の審議としては異例の9月末までのばした結果、国民の理解を得られなかったのですから、もうこの議論の結論はでています。今国会での可決は無理です。廃案にするしかありません。

仮にこの法案が強行採決されるようなことになれば、全国各地で、これまで以上に声が上がるでしょう。3連休を挟めば忘れるなんて、国民をばかにしないでください。むしろそこから始まっていくのです。新しい時代はもう始まっています。もう止まらない。

どうか、政治家の先生たちも個人でいてください。この国の民の意見を聞いてください。勇気を振りしぼり、尊い行動をおこなってください。

私は、自由で民主的な社会を望み、この安保関連法案に反対します。

●公聴会は儀式ではない／参考人、参院の良識問う／横浜

政府・与党が戦争法案の締めくくり総括質疑をおこなうことを提案し、強行採決を狙うなか、参院安保法制特別委員会の地方公聴会が9月16日、横浜市で開かれ、4氏が意見陳述しました。野党推薦の公述人からは「参院の良識を放棄したと判断されないために、しっかりとした審議をつくすべきだ」など強行採決反対の意見が相次ぎました。

広渡清吾・日本学術会議前会長は、「公聴会は、これからもっと法案の審議を充実させようというためにやるのがコンセンサスだ。公聴会終了後、ただちに強行採決するなら、まさに参院の良識が問われる」と指摘。「法案強行は民意を無視し、民主主義、国民主権にそむくものだ」と強調しました。

水上貴央弁護士は、「公聴会が採決のための単なるセレモニーにすぎないならば、私はあえて申し上げる意見を持ち合わせていない」と述べ、鴻池祥肇委員長が職権で締めくくり総括質疑の開催を決めたことに強く抗議。「公聴会を開いたかいがあったというだけの十分かつ、慎重な審議をお願いしたい」と述べました。

日本共産党の井上哲士議員は「公述人の声を審議に生かすことこそわれわれの責務だ」と述べつつ、専門家の意見に耳を傾けようとしない安倍政権の姿勢について質問しました。広渡氏は「反知性主義を感じる」と指摘。「もし、この法案が通れば軍事が優先する（社会になる）。『どうして大学が軍事研究をしないのか』という議論が押し寄せてくることを恐れるから、学者が立ちあがっている」と訴えました。

（12）深夜まで攻防／参院委

国会は16日夜、参院安保法制特別委員会の鴻池祥肇委員長と自民・公明両党が戦争法案の締めくくり総括質疑を設定しましたが、野党が猛反発するなか委員会開会のめどが立たず深夜にもつれ込みました。国民の声を聞く地方公聴会を開いたその日に、採決を前提にした締めくくり質疑を行おうとする暴挙です。国会周辺や、同日午後の地方公聴会が開かれたＪＲ新横浜駅周辺では、おびただしい数の市民が会場を包囲し、「強行採決絶対やめろ」「戦争法案絶対反対」を叫び続けました。

委員会に先立つ理事会の開催前から野党議員が理事会室周辺に押し寄せて猛抗議。たびたび休憩となり、委員会が開けず、断続的に協議が続きました。今週中に戦争法案の成立を狙う与党側と、国民の声に応え断固阻止で結束する野党側の攻防は緊迫の度合いを増し、16日深夜から17日にかけ、特別委員会での強行採決を許すのか、予断を許さない状況が続きました。

委員会に先立って野党側は、今後の国会対応をめぐって党首会談や書記局長・幹事長会談、参院国対委員長会談を断続的に開催。同日夕に開かれた共産、民主、維新、社民、生活、参院会派「無所属クラブ」の6党・会派の党首会談では、①採決を前提とした締めくくり総括質疑を委員長職権で設定したことに断固抗議し、開会に反対の立場で結束してたたかうこと、②委員会採決を強行した場合は内閣不信任や問責決議案などあらゆる手段を駆使して、結束して頑張りぬくこと――の2点を確認しました。

●国会前3万5000「廃案」

16日、国会周辺に駆けつけた3万5000を超える人（主催者発表）が「強行採決絶対反対」「安倍政権はただちに退陣」と議事堂にむけて怒りのコールを響かせました。雨のなか、押し寄せる人波が絶えず、歩道に加え車道の一部が人で埋まりました。「総がかり行動実行委員会」やSEALDsによる大行動です。

日本共産党の山下芳生書記局長、民主党の枝野幸男幹事長、社民党の吉田忠智党首が駆けつけました。山下氏は「ここに集まったみなさんこそ安倍政権のルール破りの暴挙を打ち破る希望です。戦争法案を廃案にし、新しい政治を一緒につくりましょう」と訴えると、「がんばるぞ」の声がかかりました。

スピーチした「安全保障関連法案に反対する学者の会」の広渡清吾専修大学教授は「違憲の法案を民意に反して強行する道理はない」と訴えました。

夜行バスを利用して参加した青森県弘前市の三上和郎さん（61）は「必ず廃案にと叫びにきました。憲法と民主主義を守る運動をさらに燃え上がらせる」と話しました。

全国各地から駆けつけた大学生や高校生、多くの若者が張り裂けんばかりの声をあげました。「安倍政権の姿勢を見ていたら、黙っていられなかった」と話すのは、岡山市から来た大学2年生の前田峻平さん（23）。「審議を見ていても納得できない。世論調査でも反対が多い。おかしいことには声をあげ続ける」

●戦争法案反対／もう止まらない／SEALDsが会見／外国特派員協会

SEALDsが16日、東京都千代田区の日本外国特派員協会で記者会見しました。奥田愛基さんは「集団的自衛権行使容認も後方支援も、海外での武力使用であり、明確に違憲です」と戦争法案を批判。「僕らの国会前抗議行動は、始まった6月当初は数百人の参加でした。しかし今では10万人規模です。全国にも広がっています。政権のおかしさ、法案の欠陥が、国民の怒りに火をつけています」と訴えました。「今まで行動してきて、デモは珍しいものではなくなりました。そして個人が主体的に動くようになりました。主体的に動き始めた人々はもう止まらないと思います」と語りました。

戦争法案が若い世代に与える影響について問われて、メンバーの本間信和さんは「自衛官が紛争地域に派遣されたときにリスクが高まることと、政府の解釈によって憲法が変えられるという前例ができることで、憲法が軽んじられる風潮がつくられてしまうことが非常に大きな問題だ」と訴えました。

●戦争法案廃案必ず／若者たちのスピーチ

○黙っていることやめた／しーこぷ。専門学校生　塩見博子さん（22）

私は、安保法制を自民党が提出したと知ったとき、不安な気持ちでいっぱいになりました。それは以前に、自民党の改憲草案を読んでいたからです。

この安保法制を知れば知るほど欠陥が見えてきますが、私は集団的自衛権を使えるようにするという憲法違反の法案を、正当なプロセスを踏まえずに通そうとする、それだけで反対する理由として十分だと思いました。

武力は、どんな理由があっても、正当化できるものではありません。いま止めるしかありません。集団的自衛権では、誰のことも守れません。安保法制では、誰のことも守れません。

廃案を求め、平和主義を貫く外交を求めます。憲法9条を生かし、戦後70年間武力行使をしなかった日本の信頼を保ち、友好関係を広げることこそ抑止力です。敵がいないことこそ「無敵」です。

集団的自衛権の行使が閣議決定されたとき、秘密保護法が強行採決されたとき、私はただ絶望しているだけでした。でも今は、いろんな意思表示の方法が分かります。私は黙っているのはやめました。これからは、何度でも声をあげます。

きっと70年間、武力行使をしなかったのも、同じように声をあげた人たちがたくさんいたからだと思います。先輩たちの不断の努力を踏みにじる、安倍政権の暴走を一緒に止めましょう。

（9月13日、大阪市の関西大行動で。「しーこぷ。」＝Shiga Constitution Peace）

○反対の民意大きくなる／SEALDs KANSAI・大学2年生　齊藤凜さん（19）

私は、政治家という職業がとても尊いものだと考えています。しかし、国会中継を見ていると、偽りやその場しのぎの答弁、民意を無視して権力を乱用する場面ばかりが映し出され、こんな私の政治家に対する思いは理想でしかないのかと思ってしまいます。

いま、底知れない深い絶望のなかから、政治家のみなさんにこの声が届くことを信じてスピーチをしています。国会が軽視され、憲法が骨抜きにされた社会で生きていく私たちのこの不安を、どうか想像してほしい。

夏休みの多くの時間を、街頭宣伝やデモに費やしてきました。私たちが声をあげることは、私たちの方を向いて、私たちの声を国会に届けてくれる政治家がいて初めて意味を成します。多様な意見を尊重しない政権はもろく、安倍政権に反対する民意はこれからも大きくなっていくでしょう。

あと3カ月で、私は選挙権を得ます。来年の参議院選挙が初めての投票になると思います。みなさんの行動をちゃんと見て、一票を投じます。

私は、まだ法案は成立していないという事実と、国会議員の方の良心への期待をどうしても手放すことができません。まだできることはたくさんあります。絶対に止めましょう。

（9月13日、大阪市の関西大行動で）

○私は声を上げ続けます／Ｔｉｎｓ　Ｓｏｗｌ・高校2年生　あいねさん

安倍首相は安保関連法案を、国民の平和と安全を守る法案だといいます。しかし世論調査では、国民の8割は〝説明不足〟、過半数が反対意見を示しています。

こんな中で憲法違反と言われている法案を強行採決する。これは私が中学校で習った、憲法9条、立憲主義、民主主義などの理念、多くのことに反しています。

これで国民の命と安全など、本当に守れるのでしょうか。

自衛隊の命を奪わないためにも、日本は武力による平和づくりではなく、平和外交による平和構築をするべきだと私は思います。

日本は第2次世界大戦での過ちを認め、謝罪し、世界各国と信頼関係をつくる、平和外交による平和構築をするべきだと思います。それこそ私の望む日本の本当の姿です。

私たちはまだ十数年しか生きていません。あと70年近く、日本で生きたいんです。今もそうですが、未来のことを考えると、この法案は恐怖でしかありません。私たちは国民の意思を無視する首相に、この国の未来など任せられません。

日本が本当の民主主義国家ならば、私たちの声が反映されるはずです。高校生であろうが、大学生であろうが、おとなだろうが、私が日本国民である以上、おかしいことにはおかしいと、声を上げ続けます。

（9月11日、ＳＥＡＬＤｓの国会正門前行動で。「Ｔｉｎｓ　Ｓｏｗｌ」は戦争法案に反対する高校生グループ）

●今国会成立「反対」／世論は圧倒的多数／各社調査

戦争法案の採決をめぐり情勢が緊迫するなか、各社世論調査で、戦争法案の「今国会での成立に反対」が「賛成」を上回る結果が相次いでいます。

朝日新聞社の調査（9月12、13両日）では、戦争法案に「賛成」が29％、「反対」が54％で、前回8月調査より、「賛成」はマイナス1ポイント、「反対」は3ポイント増えました。同法案の国会での審議が「尽くされていない」が75％、今国会での成立について「必要はない」が68％でした。

テレビ朝日の調査（12、13両日）でも、安倍内閣が同法案について「国民に十分に説明していると思わない」人が80％に上りました。「思う」との回答は11％でした。

産経新聞社とFNNの合同調査（12、13両日）でも、今の国会での成立に59・9％が「反対」と答え、前回8月調査から3・5ポイントアップ。「賛成」は32・4％で1・9ポイント減りました。

NHKは11日〜13日に調査し、今の国会で成立させるという政府・与党の方針に「反対」が45％、「賛成」が19％でした。国会の審議も「尽くされていない」が58％でした。

TBS世論調査（5、6両日）は、政府の説明は「不十分」と、83％が回答しています。

●9・16緊迫国会ドキュメント／野党、あらゆる手段駆使

10：00　参院本会議。医療法改悪、琵琶湖再生法などが可決・成立し、約10分間で散会

10：30　自公と野党の元気、改革、次世代が5党党首会談。海外派兵の国会事前承認などで合意。「国会の関与を強化するという話をいただいて、それに必要性をかんがみて真摯（しんし）に取り組んできた」と安倍首相

同　民主党衆参両院議員が決起集会。「公聴会は審議を重ねるためにやる。締めくくり総括などとんでもない。力を合わせて

たくらみを阻止しよう」と岡田克也代表

○**徹底抗議で一致**

11：00　参院野党国対委員長会談。締めくくり総括質疑は認められず、抗議していくことで一致。「特別委理事会で徹底抗議、それでも開くなら、それも許さない。徹底してやる」（民主）、「仮に開かれたら、その場で徹底質疑で、阻止、審議を止めることを含めて最後まであらゆる権利を使う」（共産）

12：00　民主党が国対役員・理事合同会議。「巨大与党の権力の暴走を許さない一点で立ち向かいたい」と高木義明国対委員長

同　維新の拡大国対役員会議。「丹念に協議をしてきた与党との修正協議は、法文は一字一句直さないというゼロ回答で決裂をみた」「仮定の話だが、最終的には内閣不信任に相当する」と牧義夫国対委員長。直後の記者会見で、元気や次世代、改革について「みずから与党の補完勢力みたいな形のところが本当に純然たる野党と言えるのか」と牧氏

12：30　共産、民主、維新、生活、社民の野党5党が書記局長・幹事長会談。午後5時からの5党党首会談開催に合意

○**法案反対の人波**

同　戦争法案反対の人波が新横浜駅から参院安保法制特の地方公聴会会場のホテルまで続き、反対のコールはホテル内まで響いた。会場前の抗議集会で「公聴会を開いた直後に強行採決するなど許されない。戦争法案はきっぱり廃案にすべきだ」と日本共産党の畑野君枝衆院議員

13：00　参院安保法制特の戦争法案にかんする地方公聴会開催

16：00　自民、民主が参院国対委員長会談を開くも、決裂

16：30　戦争法案に反対する超党派の女性議員が

衆院第2議員会館で共同集会。日本共産党の6議員を含め40人近くが参加。集会後、鴻池祥肇参院安保法制特委員長に申し入れ

17：00　6野党・会派が党首会談。特別委の締めくくり総括質疑開会に反対・断固抗議し、強行された場合は内閣不信任案や問責決議案の提出など、あらゆる手段を駆使し結束して頑張りぬくことで一致

18：30　参院安保法制特が理事会開会。野党が締めくくり総括質疑を開くなと要求

19：56　同理事会が2回目の休憩に入る

20：44　安倍首相が委員会室に入る

●9・16列島ドキュメント／「憲法壊すな」津々浦々／「戦争法案廃案に」声満ちる

午前7時　東京都小平市の西武新宿線・花小金井駅前で「九条の会・小平」のメンバーら6人がリレーでスピーチ。「強行採決許しません」の訴えに通勤の若い女性が「私も反対です」。

7時30分　札幌・テレビ塔すぐ南の札幌北光教会前で宗教者や市民20人がリレー座り込みを開始。「安保法制」に反対する北海道宗教者連絡会の大町信也事務局長（58）が「しっかり座って、平和の根っこを太く大きく育てましょう」と訴え。

8時　雨の高知市役所前で戦争法案廃案を求める3日目の座り込みがスタート。母の介護の合間に安芸市から駆けつけた小松章さん（70）は「妻は上京し、地方公聴会が行われる横浜で声を上げている。全国の声で法案を止めたい」。

8時30分「安保法制と安倍政権の暴走を許さない演劇人・舞台表現者の会」が「サイレント・スタンディング」。東京・上板橋駅では劇団銅鑼など24人が行動し、車いすの女性が「がんばって」。

○「10時間がんばる」

10時　京都市・四条河原町では、京都弁護士会が午後8時まで行う「10時間連続マラソンスピーチ」をスタート。白浜徹朗会長は「立憲主義の危機だ。10時間がんばりたい」。

11時すぎ　地方公聴会の会場前、新横浜駅前。「しんぶん赤旗」に執筆中の料理研究家、吉田文子さん(55)は「廃案」と手書きしたうちわを手に、小田原から新幹線で参加。「今何かしないと絶対後悔すると思うから」

11時30分すぎ　国会正門前。新潟県上越市から朝一番に駆けつけた南雲和子さん(68)は「国民が望んでいないことを強引に進めるなんて独裁。国民を戦争に巻き込む法案は廃案しかない」。

正午　地方公聴会会場のホテル正面玄関向かいの歩道はどんどん膨らみ、デッキには1人が1文字ずつパネルを掲げて並び、「若者を戦場に送らない　主権者は私たち！」とアピール。

12時10分　中高年の男女10人ほどが「ランナー9の会」のゼッケンと「戦争法案反対」のノボリを付けて国会の周りをランニング。

12時15分　長野市で50人近くがスタンディング宣伝。「ママは戦争しないと決めた実行委員会」の森山雅子さん(35)は2児の母。「無邪気な子どもたちに、銃を持たせるわけにはいきません」ときっぱり。

12時15分　衆院第2議員会館前。国民大運動実行委員会の集会。日本共産党の赤嶺政賢衆院議員が「国民の運動が安倍政権を追い詰めていることを実感してます」と激励、大きな拍手が。参加者はどんどん広がり、全労連の小田川義和議長が「絶対成立させない。あきらめない」と訴え。

12時30分　名古屋市中区の日本銀行支店前の歩道橋に「強行採決許すな！」のボードが出現。「子どもの代わりに、今、声を上げないと」と話す岩田しのぶさん(40)ら、安保法案の廃止を求める中区の会の

15人がアピールしました。

12時30分　ＪＲ徳島駅前で１００人が参加して「強行するな！緊急アピール行動」。初参加の徳島市の事務員、井原鮎美さん(28)は「解釈で何でもできるのが怖い。強引なやり方は許せない」。

13時　青森市で医療関係者が緊急の街頭宣伝。１３０人が午後の診察前の休憩時間を利用し駆けつけました。看護師長の扇谷弥生さんは「廃案まで声を上げる」。

13時　和歌山市県庁前交差点でストリートアピール。同市で開催された日本高齢者大会の参加者からの多数の声援のなか、武内正次さん(63)は「強行採決は絶対に許されない」と怒りました。

13時　沖縄県議会与党5会派などでつくる「止めよう戦争法案！守ろう9条！実行委員会」は、那覇市の県庁内で記者会見し、「戦争法案廃案！辺野古新基地建設断念！安倍政権退陣！沖縄集会＆ＤＥＭＯ」を18日に開くことを表明。

13時　県民要求実現埼玉大運動実行委員会が２００人で、廃案求め議員要請行動。医療生協の仲間と参加した元教員、江田直美さん(57)は「教え子を再び戦場に送らないとずっと運動してきました。今日はその正念場のたたかいです」。

14時　神奈川県湯河原町で40人がリレートーク。巻上文子(あやこ)さん(43)は「声を広げて、子どもたちのために本当に平和な日本をつくりたい」。

14時　桜美林大学（東京都町田市）では、安保法制に反対する教職員有志の会がシンポジウム「いま安保法制を問う」を開催し、国会前行動にも参加したという三谷高康学長があいさつ。参加者は「憲法、立憲主義がいかに大切かが分かった」。

16時　兵庫県芦屋市のＪＲ芦屋駅前で、「戦争する国づくりストップ！芦屋連絡会」がリレートーク。

芦屋九条の会代表の福間公子さん（79）は「一人一人の小さな声を集めて、これからもダメなことはダメと声をあげていきたい」と訴え。
16時　大阪市西淀川区で「戦争あかん！　9・16西淀川総行動」。プラカードや鳴り物を持ち寄って路地裏をハンドマイクで練り歩きながら区内の6駅に集合し、午後7時まで各駅前で宣伝。
16時40分　衆院第1議員会館で約160人が参加した六ヶ所再処理工場の院内集会の終わりに、司会者が「ぜひ国会の方の集会に全員が参加していただきたい」と呼びかけ。
16時45分　地下鉄国会議事堂前駅では、警察が出口の一部をすでに制限。
18時　北九州市の小倉駅前で、福岡県弁護士会に所属する弁護士らが緊急集会。600人以上が参加し、若手弁護士の安元隆治さん（36）は「憲法違反の法案は、廃案にするしかない」。
18時　学者らでつくる「立憲デモクラシーの会」が、参院議員会館前でリレートーク。憲法学者の樋口陽一氏は、「国会議員に呼びかける」として「若者は、自身の意見を公にし行動しています。（国会議員も）自分の良心に照らしてほしい」と訴え。
18時　雨の中、山口県宇部市で緊急市民集会。大久保芙美子さん（67）は「たとえ強行されてもたたかい続ける覚悟はできています」。
18時　国会正門前北庭側。自由の森学園の生徒らが「民衆の歌が聞こえるか」を合唱。その後、SEALDsの奥田愛基（あき）さんがコール開始。
20時3分　国会前で日本共産党の田村智子参院議員が、「特別委開催のめどが立っていない」と報告。「絶対、廃案にするしかない」に、「そうだー」の声と拍手が。
21時　国会正門前。雨脚が強まるなか、「安倍はやめろ」のコールが一段と強まりました。

○「声は国会の中まで」

22時20分　国会前で、日本共産党の辰巳孝太郎参院議員が「まだ、鴻池委員長は委員会室には出ていない。みなさんの声は国会の中まで届いている」と報告。拍手と歓声に包まれました。

「戦争法案 NO！」の声をあげ、パレードする参加者たち（9月 12 日、青森県弘前市）

戦争法案強行採決するなとデモ行進する親子（9月 12 日、さいたま市）

子どもを守ろうとコールし行進する参加者（9月 13 日、熊本市）

「戦争法案、絶対反対」「強行採決させない」とスタンディングでアピールする人たち（9月16日、長野市）

参院安保法制特別委員会中央公聴会で発言する公述人の（奥から）奥田、松井、小林、白石、浜田、坂元の各氏（9月15日、国会内）

戦争法案廃案、強行採決許さない！と怒りのコールをあげる人たち（9月16日夜、国会正門前）

■第12章　再び強行採決

（1）自公暴走、戦争法案を強行採決／参院委

戦争法案が9月17日の参院安保法制特別委員会で大混乱のなか強行採決されました。政府・与党は同日夜、参院本会議に法案を緊急上程。日本共産党をはじめ、民主、維新、生活、社民の各党は中川雅治参議院運営委員長の解任決議案、中谷元・防衛相の問責決議案を提出するなど、成立阻止へ徹底抗戦。

参院安保法制特別委員会は、戦争法案に関する国民の意見を聞いた地方公聴会直後に、鴻池祥肇委員長が法案採決を前提とした締めくくり総括質疑を開催しようとしたために、16日夕刻から17日未明まで混乱していました。17日午前には、鴻池委員長が一方的に締めくくり総括質疑の開催、質疑終局まで職権で決めたため、民主党が鴻池委員長に対する不信任動議を提出。特別委で日本共産党の井上哲士議員は不信任動議への賛成討論に立ち、「多数派の政権与党の暴走に加担したものだ」と述べ、主権者国民の声を踏みにじる鴻池委員長の運営を糾弾しました。

ところが、与党は不信任動議の否決後、締めくくり総括質疑すら行うことなく、審議打ち切りを強行。「国民の声を聞け」「反対、反対」との抗議の声が飛び交うなか、与党議員が暴力的な強行採決に踏み切り

ました。衆参両院の審議で、戦争法案の違憲性・危険性が浮き彫りになり、答弁不能に追い詰められた政府・与党による国政史上最悪の暴挙です。

日本共産党など6野党・会派は直ちに山崎正昭参院議長に申し入れを行い、委員会への差し戻しを求めました。また、中川参院議運委員長が職権で参院本会議の開会を決めたため、野党は、中川議運委員長の解任決議案を提出。日本共産党の仁比聡平議員が「憲法違反の戦争法案を何が何でも成立させるため本会議開会を強行した」と批判。決議案は否決されました。つづいて、中谷防衛相の問責決議案も参院本会議に提出しました。野党は国対委員長会談を開き、18日に安倍内閣不信任決議案を提出することも確認。法案阻止に全力をあげる構えを強めています。

(2)「野党がんばれ」コール

17日も、国会前は、朝から強い雨のなかでも人で埋まりました。夕方になってから国会を包囲する人波はふくらみ続け、正門前にむかう人でどの交差点もごったがえしました。「強行採決もどきは無効」「戦争法案廃案あるのみ」「安倍政権をみんなの力で倒そう」と力強くコールを続けました。行動を呼びかけたのは「総がかり行動実行委員会」とSEALDsです。

国会を傍聴した甲府市の剣持正太郎さん(36)は、「日本の将来と子どもの未来がかかる法案なのに、こんなのは採決じゃない。委員長の不信任動議が否決されたとは思ったが、法案が可決されたとは思えない。だって声も聞こえないし、立った数さえわからない」。

「野党がんばれ」のコールが続く正門前のステージには、野党議員が次つぎに駆けつけます。日本共産党の小池晃参院議員は「強行採決らしきもの。断じて認められない」と報告。「政権の座から引きずりおろそう」とエールを交換しました。

「いてもたってもいられない」と高知市から駆けつけた米満敏孝さん(57)は、「暴挙をゆるすわけにいかない。野党と力をあわせて何としても廃案にせんといかん」と語りました。

(3) 大阪でも

この日、関西の青年6グループは、大阪・梅田で強行採決に抗議する街頭宣伝を行いました。強行に憤る3200人が集まりました。SEALDs KANSAI(シールズ関西)、SADL(サドル)、T－ns SOWL west(ティーンズ・ソウル・ウエスト)、泉州サウンドデモ、ぐらり、「しーこぷ。」の9人がスピーチ。SEALDs KANSAIの塩田潤さん(24)＝神戸大学大学院2年＝は「これで終わりじゃない。民主主義の主体として声を上げ続ける」と訴えました。鳥取県から国会前に行く途中だった樋浦祐介さん(37)＝同県湯梨浜町＝は「法治国家なら法律は守らないと。これを許せば何でもありになってしまう」と憤りました。

(4) 9・17緊迫国会ドキュメント／戦争法案攻防、最大のヤマ場に

○国会内外で追い込まれる政権

【16日】

22：40　参院安保特別委員会の鴻池祥肇委員長が日をまたいで、17日の理事会と委員会を

開会すると宣言

【17日】

0：00　同理事会が開かれ、安保特別委での2時間の締めくくり総括質疑を改めて決定。戦争法案に反対して国会前に詰めかけた市民らの抗議の声が国会内に響き続ける

3：40　同理事会が8時50分まで休憩に

6：00ごろ　大雨の中、国会前には市民らが再び集まり始める

8：50　鴻池委員長や与党理事らが突如「委員会」室に入り、「理事会」を「理事会」室でなく「委員会」室で開くことを画策。野党議員らは、別室での開会は、鴻池委員長が「休憩以前の状態に戻す」と約束していたことに反すると猛抗議

9：04　理事会が開けないまま、鴻池委員長が一方的に委員会の開会を宣言。野党議員らが「だまし討ちだ」と鴻池委員長の周辺に集まって抗議を続ける

9：34　「理事会」室に戻って理事会を開会。その場で鴻池委員長が委員会再開と法案質疑の終局を職権で決定

○鴻池委員長の暴挙に不信任動議

9：45　鴻池委員長が再び委員会の開会を宣言。委員長職権での質疑終局に反発した野党側が同委員長の不信任動議を提出したため、鴻池氏はそのまま退席。鴻池氏に代わって与党筆頭理事の佐藤正久議員（自民）が委員長席に座る。乱暴なやり方に野党が抗議を続け、混乱が続く

9：49　佐藤筆頭理事が委員会の休憩と、理事会の開会を宣言

10：58　同理事会が再開。与党側は、鴻池委員長に対する不信任動議についての討論時間や討論者を制限すると主張。日本共産党の井上哲士議員は「討論に参加できる会派を制限するのはおかしい」と主張するなど、野党側が強く抗議し、希望するす

べての会派が討論に立つことに

11：20 日本共産党が両院議員団会議を開催。理事会への出席を続ける井上哲士議員は「理事会室にもずっと国会前の（市民の）声が聞こえていた」と報告

13：00 同委員会が再開し、鴻池委員長の不信任動議の議論開始。与党議員らは野党側の賛成討論に、うつむいたり、目を閉じたまま聞く

14：32 共産党の井上参院幹事長が不信任動議への賛成討論。「公聴会の背後にあるたくさんの国民の意見を受け止めることこそ必要だ。質疑終局などありえない」との指摘に、他野党議員からも賛意の拍手

15：05 国会正門前の集会。共産党の紙智子参院議員と畠山和也衆院議員が「雨の中で声をあげ続ける皆さんに、私たちは勇気付けられている」とあいさつ

○暴力採決〝恥ずかしくないか〟

16：28 鴻池委員長の不信任動議を否決

16：29 鴻池委員長が復席。安倍晋三首相、中谷元・防衛相、岸田文雄外相らが着席すると同時に、野党議員らも抗議のため委員長席に詰め寄り、大混乱状態に

16：30～36 安倍首相が退室。それと同時に「強行採決」になだれ込むが、委員会室には「何やっているんだ」「恥ずかしくないのか」などの怒号が飛びかい、何の法案を採決しているのかも判然としないまま賛成議員らによる起立と着席が繰り返される

16：37 与党議員に囲まれて鴻池委員長が退室、委員会が散会。委員会を中継していたNHKは「なんらかの採決が終わったようだ」

16：44～ 日本共産党両院議員団会議。強行採決に対して志位委員長は「満身の怒りを込

めて抗議の声を突きつけたい。あらゆる手段を行使してまだまだたたかい続ける」と表明

17：05　6野党・会派の国対委員長会談

17：25　6野党・会派が参院議長に採決無効を申し入れ

18：05　参院議院運営委員会理事会で中川雅治委員長が職権で戦争法案を緊急上程する本会議開催を決定。野党は反発して中川氏の解任決議案を提出

20：00　6野党・会派が国対委員長会談。18日に共同で内閣不信任案提出を確認

20：10　中川雅治議運委員長の解任決議案を議論する参院本会議が開始

20：40　雨の中、3万人超が国会行動に参加と主催者

21：00　日本共産党の仁比聡平議員が解任決議案に賛成討論

（5）9・17列島ドキュメント／強行に抗議、列島騒然

○始発まで声上げた

4時32分　参議員会館前から衆院第2議員会館前にかけてのエリアで参院第1委員会室の窓明かりを見つめる約50人。午前3時半ごろ、散会との国会内の様子を聞き、「オール『野党』は、がんばれ、がんばれ」「安倍は、や・め・ろ」とコールの勢いがさらに増す。「共産党、格好いいぞ」のコールも。「終電は？」「もう始発だよ」とほほ笑む人も。

7時15分　甲府市のJR甲府駅前で「憲法共同センター」の30人が雨の中、リレースピーチ。病院職員の千葉陽子さん（30）は「深夜まで国会の中と外で頑張っている姿をテレビで見た。私たちも頑張る」と。

「これから国会前に行く」と声をかける男性も。

8時　国会前。「昨晩も9時すぎまでここにいたけど、大勢の人ががんばっているから」と東京都小平市の上山興士（かみやまおきじ）さん（72）が到着。「国民の声を聞かずに安倍政権は戦争法案を通そうとする。何としても止める」

8時45分　雨の中、国会正門前には、始発の新幹線で駆け付けた人など、すでに約１００人。増え続けます。

9時　国会正門前で抗議行動が始まり、日本共産党の大門みきし参院議員ら野党議員が、前日から朝までの国会の動きを報告。都内の予備校に通う女性（19）＝埼玉県越谷市＝は、「朝から国会が始まると聞き、委員会で採決させないため、市民として野党を後押ししたいと思い、来ました」。

夜行バスで来たのは、保育士の吉田貴代子さん（64）＝京都市西京区＝。「憲法違反がはっきりしているのに、数の力で通そうとするのは許せない。醜いのは一部のおとなで、正しいことを言うおとながたくさんいると、子どもたちの目に焼き付けてほしい」。

9時10分　時折、雨脚が強まる中、「戦争法案絶対廃案」「安倍政権は今すぐ退陣」とコール。昨日に引き続き午前9時にかけつけた全日本年金者組合東京都中央区支部執行委員の大野敏之さん（68）。「年金削減と戦争法案の根っこは一緒。軍事のためになんか使わせない」

11時　岩手県庁前で、いわて労連など3団体が4日間連続となる座り込み行動を実施。フェイスブックで知って初参加した29歳の男性は「子どもたちには平和な日本を継承させたい」。

11時30分　横浜市戸塚区で、あさか由香参院神奈川選挙区候補らが宣伝。保土ケ谷区の女性（72）が「安倍さんは、みんなの声を聞き入れてほしい」と話し、署名するなど１９１人分に。

正午　国会正門前。「生まれて初めての記憶は、４歳のときの、引き揚げ経験です」と語る東京都板橋区の津田ノリ子さん（74）。「どんなことがあってもがんばり続けます。それが私の責任です」

◯不安と憤り覚える

12時5分　前橋市で１５０人が県庁前通りをデモ行進。若者中心の団体「ＰＡＧ」の桑原蓮さん（23）＝医学生＝は「一部の人間だけで日本の社会が決まってしまう状況に強い不安と憤りを覚えます。デモ後に国会前へ行きます」。

12時15分　札幌市で弁護士、女性、医療従事者ら50人が宣伝。池田賢太弁護士が「立憲主義に反する。到底、許されないことだ」と訴え。

12時30分「いのち奪う戦争法案に反対します」と開かれた医療者らによる院内集会で、日本医労連の中野千香子中央執行委員長が発言。「新聞に出した意見広告をきっかけに職場で話し合おうと呼びかけたら、タイムリーだと励ましの声が多数寄せられた。１万８０００人を超える仲間が決議を上げている。一緒にがんばろう！」

12時40分　雨のなか、滋賀県庁前で超党派の街頭演説。日本共産党と民主党の県議の訴えに、聴衆から「そうだ」「頑張ろう」と声援が。

13時　長野県南牧村の野辺山社会体育館交差点で31人がスタンディング宣伝。ピースアクション南牧が呼びかけ、雨が降るなか、「９条守れ」「アベは辞めろ」のコールとリレートーク。

14時　金沢市香林坊での「女性のレッドアクション」には、土砂降りの雨のなか、70人が参加。「おかあさんは戦争には反対です」などの横断幕を掲げ、ハート形の風船を配ってアピールしました。

15時　熊本市辛島公園で、緊急行動として座り込みを開始。益城町の西村史典さん（56）＝医療機関勤務＝は「国民大多数の反対を知りながらの強行採決は断じて許せない」。
15時20分　ＪＲ和歌山駅前のロングラン宣伝で3児の母の満留澄子さん（31）は「安倍さん、国民の声を聞いてください。武力を増やすより保育所を増やして」と訴え。

○廃案諦めない

16時37分　参議院議員面会所。書籍編集者の宮脇眞子（しんこ）さん（48）は、「与党は聞く耳を持たずに〝採決〟してしまった。思想的に右とか左とか関係なく、このやり方はまずい。今日は『見ておかねば』と国会に来た。ひどさがわかった。これからも声をあげていかなきゃ、ということですよね」。
17時10分　国会正門前。東京都世田谷区の青木信賢（のぶただ）さん（34）＝会社員＝は、午前中につくった「私たちは憲法を知った　２０１５年立憲主義元年」のボードをかさに貼ってアピール。「この国に絶望したくない、希望を持ちたいので、これからも表現していきます」。
17時30分　国会正門前で「母校の恥　安倍はやめろ」と書いたボードを持って並んでいた成蹊大ＯＢ有志のメンバー。「安倍晋三は後輩。彼は洋弓部だったんだよね。3、4日前にこの会を呼びかけました」という船津嘉裕（よしひろ）さん（63）。「これからメンバーが増えると思うよ」。
18時30分　福岡市・天神の警固公園に７００人以上が集まり緊急集会。大学4年生の渡辺晶さん（22）は、「廃案にするまで諦めない」。
18時45分　国会正門前。日本共産党の小池晃参院議員が連帯のあいさつをした直後、雨に濡れて「安倍首相に追随する者たち　罪を犯すな　悔い改めよ！」と書いたボードを胸に掲げた渡辺健一さん（66）は、日本基督教会の成田教会（千葉県成田市）の牧師です。「昨年5月に亡くなった妻は私より、こうした活動に熱心でした。妻の分まで、がんばります」と、妻の愛用していた十字架を示しました。

19時　「ＳＥＡＬＤｓ　ＲＹＫＹＵ（シールズ琉球）」と「ママの会@沖縄」は那覇市の県庁前で、合同で抗議の緊急アクション。「だれの子どももころさせない！」「戦争嫌だ！」とアピール。

19時10分　京都市役所前。雨のなか、市民がよびかけたデモに１２００人が参加。「強行採決許さない」「安倍はやめろ」と怒りのアピール。学校帰りに駆けつけた高校3年の、かずさん（18）＝大津市＝は「憲法に希望を感じている。憲法をないがしろにし、未来を奪わないでほしい」。

20時08分　国会近くの憲政記念館前。東京都渋谷区在住のフリーカメラマン・篠塚ようこさん（37）は、ニュースで10代、20代の人たちが声をあげているのを見て、社会人もがんばらないといけないと思い、初めてこうした集会にきたといいます。「ＳＥＡＬＤｓの奥田愛基さんがスピーチしたように、『むしろこれから』です」と話していました。

20時30分　国会正門前で俳優の石田純一さんがスピーチ。「戦争は文化ではありません。われわれが誇るべき平和を戦後70年、80年、１００年と続けていこうではありませんか」と話すと、拍手がわきました。

21時20分　国会正門前。「アベはやめろ」とコールしていた東京都杉並区の久本麻央（まお）さん（30）＝会社員＝は「強行採決、最悪です。安倍内閣の全員、賛成した自民党、公明党、一部野党の議員全員をやめさせたいです」と話し、ペンライトを振っていました。

22時15分　国会正門前。雨がまた降りだし、ＳＥＡＬＤｓのコールがつづくなか、千葉県浦安市在住で、都内の職場に勤める男性（44）は、仕事が終わったあと、午後9時すぎに到着したといいます。「7、8回国会前にきています。どんどん参加者が増えてきています。これからも、できるかぎり参加します。この行動はいっそう広がると思います」といって、「強行採決絶対反対」と声を上げていました。

混乱のなか戦争法案の強行採決をする参院安保法制特別委員会（9月17日）

戦争法案採決強行を受け国会正門前でスピーチする日本共産党の国会議員。壇上左から本村、斎藤、池内、梅村の各衆院議員（9月17日）

「戦争したがる総理はいらない」とコールしデモ行進する参加者ら（9月 17 日、群馬県前橋市）

戦争法案委員会強行採決に怒りのコールをする人たち（9月 17 日夜、国会正門前）

■第13章　内閣不信任決議案

（1）参院、未明まで攻防

参院本会議に緊急上程された戦争法案をめぐる与野党の攻防は9月18日も激しく繰り広げられ、法案の行方は19日未明までもつれこみました。日本共産党、民主、維新、生活、社民の野党5党は、安倍内閣不信任決議案を衆院に共同提出するなど戦争法案の阻止のために結束して対決。国会周辺は、戦争法案に反対する数万人の市民が取り囲み、「戦争法案を絶対通さない」「安倍内閣いますぐ退陣」と抗議の声をあげ続けました。

野党5党は18日午前、国会内で党首会談を開き、安倍内閣に対する不信任決議案を提出し、今後も憲法の平和主義、立憲主義、民主主義を守るために各党が協力していくことを確認。日本共産党の志位和夫委員長は「5党がしっかりスクラムを組んで、結束してたたかってきたことは非常に大きな意義がある。院内外のたたかいと連携して最後まで力を尽くす」と強調しました。内閣不信任決議案を審議する衆院本会議には、志位委員長のほか、民主の岡田克也代表、維新の松野頼久代表がそろって登壇し、賛成討論を行いました。

一方、参院本会議では、中川雅治議院運営委員長の解任決議案、中谷元・防衛相の問責決議案につづいて、山崎正昭議長の不信任決議案、安倍晋三首相の問責決議案を野党が連続して提出。日本共産党からは、山下芳生書記局長が首相問責決議案の賛成討論に立ったほか、仁比聡平、辰巳孝太郎、井上哲士の各議員がそれぞれ議運委員長解任決議案、防衛相問責決議案、議長不信任決議案の賛成討論に立ち、政府・与党の横暴を厳しく糾弾しました。

山下書記局長は討論で、民意を無視して違憲の戦争法案をごり押しする安倍首相の姿勢を批判。「国民多数の声から、どんどん遠ざかる政治に未来はない」と訴えました。

こうした野党のたたかいに対して、与党は参院本会議での討論時間を制限するなど、最後まで数を頼んだ横暴を繰り返しました。

政府・与党は、衆院本会議での内閣不信任決議案の否決を受けて、参院本会議を再開し、戦争法案の強行採決に踏み切る構え。

（2）安倍政権許さない／国会前集会

国会の中でがんばる野党と心をあわせて、戦争法案を絶対に許さないと、18日も朝から夜まで「安倍内閣は今すぐ退陣」のコールが国会を包みました。夜がふけるにつれて人波が増え続け、「総がかり行動実行委員会」が主催する国会前集会には午後7時半で4万人を超える人が参加したと報告されました。

正門前集会を引き継いだＳＥＡＬＤｓの奥田愛基さんは「憲法違反でめちゃくちゃな法案は廃案しかない。どんなことがあっても民主主義は終わらない。主権在民という言葉を信じるなら絶対に何かできる。

あきらめてないぞ」と訴えました。

国会を傍聴した神奈川県湯河原町の宮沢幸太郎さん（77）は、「野党と市民が連帯し、自公政権を倒すたたかいの勢いはますます強くなる」と語りました。

前日から2日連続して国会前でコールした埼玉県川口市の保土田毅さん（53）は、「多くの人びとが民主主義に目ざめて立ち上がった。絶対に戦争させないという私たちのたたかいはここから始まるんだ」と話しました。

集会では、前日本学術会議会長の広渡清吾さんらがスピーチ。野党から日本共産党の穀田恵二衆院議員、井上哲士参院議員、民主党の蓮舫参院議員、社民党の吉田忠智党首らがあいさつしました。

（3）緊迫国会ドキュメント9・18／内閣不信任決議案などで対抗

自民暴言に猛抗議／共産討論に拍手／「最後までたたかおう」

0：12　参院本会議が再開。中谷元・防衛相の問責決議案を審議

0：45　自民党の江島潔議員が問責決議案の反対討論。日本共産党が暴露した統合幕僚監部の内部資料について「入手方法を明らかにしていただきたい。まさか違法な手段ではないと思うが」などと誹謗（ひぼう）中傷。仁比聡平・党議運委理事が議場で猛抗議

2：00　防衛相の問責決議案を否決

9：00　野党5党の党首会談。内閣不信任案、首相の問責決議案を共同提出することなどを確認

10：01　参院本会議が再開。山崎正昭参院議長の不信任決議案を審議

11:01　日本共産党の井上哲士議員が賛成討論。「与党に今後、『国民の声を聴く』などという資格はない」と委員会強行採決を批判、議場から一斉に拍手が起こる

11:24　参院議長の不信任決議案が否決

11:28　日本共産党の小池晃副委員長が自民党・江島議員の問題発言について記者会見を開き、「議員活動に対する許しがたい挑戦」と自民党に謝罪と撤回求める

13:00　市民が詰めかけた国会正門前で日本共産党の宮本岳志衆院議員が「いま政府を追い詰めているのは、まさしく国民世論の勝利だ。最後までたたかい抜こう」と訴え

13:01　参院本会議が再開。安倍晋三首相の問責決議案を審議

13:57　野党5党の党首が内閣不信任決議案を大島理森衆院議長に共同提出

14:12　日本共産党の山下芳生書記局長が首相問責決議案の賛成討論に登壇。民主党議員から「待ってました！」の声。「首相は憲法を憲法でなくする暴挙にひた走っている」と糾弾

14:43　首相の問責決議案を否決

16:30　国会正門前の行動で日本共産党の辰巳孝太郎参院議員が報告。「若者たち、国民が『戦争反対』の声をあげている、民主主義が根付いていることに政権は恐怖を持っている。たたかい抜こう」

16:33　衆院本会議が開始。安倍内閣不信任決議案を審議

19:24　日本共産党の志位和夫委員長が安倍内閣不信任決議案に賛成討論。「国民の声が聞こえないもの、聞こうとしないものには未来はない」と安倍内閣退陣を要求

20:00　内閣不信任決議案を否決

20:31　参院本会議が再開。参院安保法制特別委員会の鴻池祥肇委員長の問責決議案を審

議　討論

22：31　日本共産党の大門みきし参院議員が賛成

（4）この声にこそ日本の未来がある／9・18列島ドキュメント

9時　国会正門前での抗議行動開始。日本共産党の宮本徹衆院議員らが国会の動きを報告。

国会周辺で夜を明かした参加者も。「今まで政治に興味はなかったし、法案に賛成でも反対でもない」という東京都世田谷区の加畑貴大さん（24）も雨の中、国会前で一晩過ごしました。「でも、これだけ反対している人がいるのに、国会の中に届いていないのが許せない。雨だろうが嵐だろうが、一人でも国会前にいないと、なめられる。将来の子どもたちに、このとき国会前で何か行動したと言えるようにしたい」

東京都新宿区のアルバイト女性（33）も前日の抗議行動後、国会周辺で夜を明かしました。「抗議者の数が減ってしまっては、自民党の思うつぼ。民主主義がさらに壊されてしまう。とにかく廃案にして平和を守りたい」

11時　神奈川県大和市で「安保関連法案に反対するママの会@神奈川」が緊急アピール。同市の澤見香恵子さん（42）は「法案が本当に必要なのか考えて」と訴え。相模原市南区の女性（38）は「権力を握り、暴走した安倍政権を止められるのは私たちだけ。選挙に行こう」とよびかけました。

○暴力的な採決だ

正午　埼玉県平和委員会がJR浦和駅前で宣伝。「数を頼んでの暴力的な採決。法案の中身もひどいが、やり方もひどい。無法な安倍政権を一日も早く退陣に追い込みましょう」。署名の訴えに買い物途中の女性やスーツ姿の男性など切れ目なく列が。

12時15分　青森県9条の会の呼びかけで、青森市の青森駅前公園で50人が、強い雨のなか宣伝。４人の子どもを持つ坂本麻衣子さん（33）は「私は絶対あきらめません」と涙を浮かべ訴えました。

12時20分　東京都庁前で開かれた都議会開会日行動で、約２５０人の参加者が「戦争法案を必ず阻止するぞ！」と唱和。主催団体の一つ、東京地方労働組合評議会の森田稔議長は、「横田基地へのオスプレイ配備を許さない。戦争法案は廃案しかない」と訴えました。

12時30分　札幌市で日本共産党北海道委員会と道議団が宣伝。森つねと参院道選挙区候補が、「憲法違反の法案を国民の意思を無視して強行する暴走政治を許さないたたかいを、さらにさらに広げましょう」と訴えました。駆け寄り、握手をする人の姿も。

13時40分　国会正門前。松江市から飛行機でかけつけた男性（45）は、手作りのポスターを掲げていいます。「こうした抗議行動に参加するのにはためらいがありましたが、もう開き直りました。もちろん、今後も、行動をやめるつもりはありません」

14時18分　国会正門前。東京都東村山市の浅見みどりさん（41）は、自作の英文のアピールを掲げて、「一人ひとりがよく考えて、自分で判断するのが民主主義だと思います。ここで行動をやめたら行動してきた意味がない。私だけでなく、ここにきているみんながそう思っていると思います」。

16時30分　兵庫県尼崎市の上坂部地域で「上坂部緊急行動」がとりくまれ、地域住民60人が「戦争法案絶対反対」とコールして住宅地をパレード。地元の岸佳永さん（73）は「子どもたちのために戦争は絶対反対」と話しました。

18時　名古屋市栄でSEALDs　TOKAIメンバー、弁護士、市民ら1500人超が集会・デモ行進。海老原陽奈さん（19）が「前日、バイトだったけど国会に行きたくて、安保法案賛成の店長に相談したら、『行ってこい』と激励されました」とスピーチ。業者関係職員の澤田美奈さん（27）は「軍需企業がある愛知で、戦争に関わる下請けの仕事はしたくないと仲間が心配している。総選挙に追い込んで自民党を全滅させなくちゃ」ときっぱり。

18時5分　福岡市・天神の繁華街で9条の会など3団体が緊急街頭宣伝。西南学院大学の須藤伊知郎教授は「立憲主義を破壊する戦争法案の強行採決は、独裁そのもの」。

18時40分　東京都千代田区の憲政記念館で、元陸自レンジャー隊員の井筒高雄氏と東京外国語大教授の伊勢崎賢治氏が、戦争法案をめぐり討論。約300人を前に井筒氏は「私が相対する国の司令官だとすれば、まず日本から狙う。自衛隊をたたくことで、アメリカの補給を断つ」と「戦場のリアル」を語りました。

20時52分　国交省前から少し上がった憲政記念館入り口。高校生でつくるT－ns　Sowl（ティーンズ　ソウル）のひなこさん（15）は「委員会の議事録に法案可決が出ていないのに本会議で採決するのはおかしい」。SEALDsの内藤翔太さん（28）は「まだ、希望を持っている。きょうは最後までがんばります」。

21時32分　国交省前の交差点。国会に向かう流れは途切れません。東京都渋谷区に住む大学生で、映画製作をしているという男性（29）は「国民としてこの動きを見なければいけない。安倍自公政権のやり方は非常にまずい」。

21時40分　国会近くの「ゲリラカフェ」に立ち寄ったミュージシャンのNatsuさん（32）＝東京都

中野区。「憲法改悪の動きはずっと前から出ていたけれど、ここしばらくの変化はすさまじい。若い人たちが自身の頭で考えて自分の言葉で語っている。デモも音楽も、ゴールは同じく『平和』。それぞれの表現方法でそこに向かっていけばいい」

大島理森衆院議長（左）に野党5党で内閣不信任決議案を共同提出。右から3人目は志位和夫委員長（9月18日、国会内）

兵庫県尼崎市の上坂部地域で住宅街をパレードする緊急行動参加の住民たち（9月18日）

「強行採決、絶対反対」「憲法守れ」と唱和する参加者（9月18日、京都市）

プラカードを手に会場を埋め尽くしコールする参加者ら（9月 18 日、名古屋市栄）

SEALDs の行動に参加し、訴える志位和夫委員長（9月 18 日午後 11 時 40 分ごろ、国会正門前）

第14章　たたかいは終わらない

(1) 自公が戦争法強行採決／国会周辺抗議の声

憲法を踏みにじり、日本を「戦争する国」につくりかえる戦争法が9月19日未明、参院本会議で強行採決され、自民、公明などの賛成で可決・成立しました。共産、民主、維新、生活、社民の各党は内閣不信任決議案を提出するなど結束して政府・与党の暴挙を糾弾し、法案に反対。日本共産党の志位和夫委員長は強行採決後、戦争法廃止に向けた新たなたたかいに立ちあがるよう力強く呼びかけました。

国会を包囲した市民の抗議の声が響きわたるなか、強行採決された戦争法。政府・与党は11本の法律を2本にまとめ、一国会で一括審議させる暴挙にでました。その衆参での審議でも、法律そのものの違憲性・危険性が浮き彫りになり、政府答弁も二転三転するなどボロボロに。しかも、国民の7割が反対を表明しているにもかかわらず、与党は暴力的なやり方で委員会、本会議での採決を強行するなど、平和主義、立憲主義、民主主義を破壊する暴走を重ねました。

日本共産党の大門みきし議員は18日深夜、参院本会議に提出された鴻池祥肇安保法制特別委員長の問責決議案への賛成討論で、公聴会で寄せられた公述人の意見を無視し、違憲立法を暴力的に強行した与党の責任を糾弾しました。

19日未明に行われた戦争法案に対する最後の反対討論では、日本共産党の小池晃副委員長が「全国津々浦々で『アベ政治を許さない』と声をあげている人々の怒りはかつてなく深い」と指摘し、「新しい政治を求める怒濤のような動きは、自民党、公明党の政治を打ち倒すまで続くだろう」と強調しました。

戦争法の強行採決後、日本共産党は緊急の国会議員団会議を開催。志位和夫委員長は、国民運動の新たな広がりと野党の結束を「日本の未来にとっての大きな希望」としてあげ、「平和と民主主義を願う国民のたたかいとしっかり連携し、野党共闘をさらに発展させ、日本共産党としての歴史的責任を果たそう」と力を込めて訴えました。

国会周辺には多くの市民が駆けつけ、18日朝から19日未明にかけても、絶えることなく抗議の声をあげ続けました。

(2) 緊迫国会ドキュメント／安倍政権を堂々糾弾

【18日】

23：10　参院本会議が延会。山崎正昭議長が翌19日の0時10分まで休憩を宣言

23：35　日本共産党の志位和夫委員長が国会正門前で行われているSEALDs（シールズ）の行動に参加しあいさつ。奥田愛基氏から紹介され大きな拍手と声援を受ける

【19日】

0：05　参院本会議開催の予鈴が鳴る。日本共産党参院控室から参院議員が本会議場にむかう。衆院議員、議会スタッフが拍手で

送り出す。討論を予定している小池晃副委員長に「がんばれ」の声が飛ぶ

0：10　参院本会議が再開。戦争法案の質疑が始まる。自民党が、発言時間を制限する動議を提出し、投票が行われる

1：38　参院本会議で小池氏が最後の討論者として登壇。戦争法案の危険性、何が何でも法案を強行成立させる政府の道理のなさなどを約20分間にわたり糾弾

2：18　戦争法案が参院本会議で採決、自民、公明などの賛成多数で可決・成立

2：21　日本共産党が参院控室で緊急両院議員団会議。志位委員長が戦争法案の強行採決・成立を満身の怒りを込めて批判。安倍政権打倒のさらなるたたかいの発展をよびかけた

（3）この怒りは忘れない！／早朝に及ぶ国会前抗議／安倍政権倒す

○「民主主義はこれだ」

19日未明まで続いた戦争法案をめぐる攻防。国会正門前は、あらゆる世代の参加者で埋め尽くされていました。連日、未明まで抗議を続けたＳＥＡＬＤｓをはじめ、若者たちは安倍晋三政権による採決強行の後も表情は明るく、「この怒りは忘れない」との思いであふれていました。

（砂川祐也、玉田文子、土田千恵、前田智也の各記者）

◇

午前2時18分。国会前に採決強行の知らせが入った直後の第一声は「採決撤回」の大合唱でした。東京都葛飾区から来た塔島麦太（とうじまむぎた）さん（20）は、コールの勢いを落としません。「可決されたことは雰囲気でわ

かったけど、落胆する暇はなかった」といいます。

数カ所に分かれ、声をあげ続ける若者たち。宮城や三重から参加したという人も。ＳＥＡＬＤｓ ＫＡＮＳＡＩのメンバーは、大阪での街頭宣伝を終えた後、最終の新幹線に飛び乗って駆けつけました。腕を突き上げ、コールが次つぎと変わっていきます。「選挙に行こうよ」「デモに行こうよ」「安倍はやめろ」

○反対討論する国会議員応援

ステージの後方では、携帯電話をスピーカーにつなぎ、国会中継の声が流れ続けていました。腕を組み、眉間にしわを寄せ、様子をうかがう人びと。ときどき入る中継のアナウンスに耳を傾け、何か一点を見つめながら立ち尽くしています。

「福山がんばれ」「小野はがんばれ」「小池はがんばれ」と、参院本会議で反対討論をする、国会議員一人ひとりを応援します。

東京都町田市から来た、会社員の鈴木育実さん（31）は「今回法案に反対した野党や、議員の行動を絶対に国民は見ている。がんばってほしい。私も引き続き抗議に参加したい」。

討論が終わり、記名投票が始まると、コールが「強行するな」「憲法守れ」に変化。投票が終盤になると声がやみました。唇を真一文字に結び、多くの人がスマートフォンなどを手にして国会の様子を見守ります。仕事が終わってから駆けつけたという、さいたま市に住む新畑信さん（30）は「安倍政権には憤りしかない。この怒りは絶対に忘れません」。

成立を受け、参加者が思いを語りました。

ＳＥＡＬＤｓの奥田愛基さんが訴え。「こんな通し方しかできなくて、支持を得られると思っているのか。連休を挟んだら忘れるとか、そんな怒りじゃないですよ。悲壮感なんて全然ない。言うことは一つです」「賛成議員は落選させよう！」

「与党議員は国民の声を無視した。絶対に許せない」。埼玉県戸田市から来た会社員の女性（27）は強い口調で語ります。「今ここにいない人にも問題意識を広げ、賛成議員を落とし、安倍政権を倒したい。討論をがんばった、私たちの声を反映してくれる議員たちと協力していきたい」

山梨県から駆けつけたという大学生、山中皐甫（こうすけ）さん（22）＝同県昭和町＝は、法案の可決をうけて「自分にできること、声をあげ続けることでがんばる。野党はそれぞれの考えがあるのはわかる。でも、安倍政権をたおすという一点に関しては共闘をくずさないでほしい」と語りました。

○横暴な政治は反感をまねく

「今、声を上げておかないと」と参加したのは神奈川県鎌倉市から来た佐藤勝海さん（42）。「やり方があまりに傲慢（ごうまん）。横暴な政治は国民の反感を買うということを分かってもらわなければいけない」

神奈川県川崎市の安藤浩士さん（36）は、甥（おい）や姪（めい）に「あのとき、群衆の一人として国会でコールした」と話せるように参加したといいます。「仕事もあって常に全力で抗議活動はできないけれど、重要なヤマ場や局面には、デモや集会に参加していきたい」と話しました。

朝日が差し込み、始発電車も動き始めた5時16分。奥田さんは最後にこう語りました。「これは終わりのあいさつじゃありません。日常にかえって、そしてまたここに戻ってきましょう。やれることは絶対にまだある」

連日深夜、早朝まで続いた国会前抗議は、このコールで終了しました。

「民主主義ってなんだ！」「これだ！」

○給水に、ほっと一息

戦争法案に抗議して19日まで連日続いた国会正門前行動にはボランティアによる給水所がありました。淡く光を放つ手作りの看板は、温かみをもって参加者を迎えます。簡易の台の上いっぱいに並ぶ水の入った紙コップ。スタッフが常に補充をしています。18日だけで使った紙コップは約3000個。300リットル以上の水を配ったといいます。あめやお菓子などの軽食もありました。

「子ども連れが多い日はお菓子を多めになど、仲間でアイデアを出し合って運営しています。主催者の邪魔にならないようにあくまでサブ的に」と、スタッフは話します。その間にも「これ、もらってい い?」「ありがとう」と、コップを手に喉を潤したり、あめやお菓子をつまんでいく人々。自然と笑顔にあふれていました。

(4) SEALDs KANSAI・大澤茉実さんのスピーチ

戦争法成立直後の19日午前4時すぎ、国会正門前で、SEALDs KANSAI(シールズ関西)の大澤茉実(まみ)さん(大学2年・21歳)がスピーチしました。

◇

私は2年前ぐらい、ずっと布団の中にいて、アニメとアイドルばっか見て、人と話したくなくて。でも今ここにいて、あの時の私が今の自分を見たら、「よかったね」って言うと思います。これだけこの社会に希望が持てるようになってよかったねってたぶん言うと思います。

○その子の分まで

私を支えてくれる女の子たちがいて、でも彼女のうちの一人は、家に帰ってもご飯がでないんです。お母さんがどこかに行ってしまって、お父さんも仕事に夢中で、冷蔵庫に何もなくて……。その子に首相の名前を聞いたら知らなくって、安保法案の「あ」の字も知らなくって、その子に一番関係する法案がこんなめちゃくちゃな形で通ってて。その子はここに来ることができません。だから私はその子の分も声をあげたいです。

安倍首相は、数の力で憲法違反のことを押し進めることはできますが、この声を消すことはできません。国民の多くが気づき始めた、政権の危うさに対する疑念を消すことはできません。私たちがたたかわねばならない相手は海の外には一人もいないんです。私たちがたたかうべき相手は、立憲主義を無視し、議論にならない答弁を繰り返し、民衆の声に耳をかたむけず、平和より戦争を好むこの国の首相です。

他国間の戦争に首を突っ込んで、人を殺す手伝いをして、国民が納得しなくても、憲法を無視してでも法案を通してしまうような国のどこが美しいんでしょうか。自分たちの信じる平和のつくり方を貫き、世界で一番、新しい「普通の国」になる方がよっぽど美しい。武装しまくった威圧感よりも、少しずつつくり上げた信頼で自分の身を守りたい。

○絶対に諦めない

全国で怒りの声をあげるすべての人が、ここにいる私たちが、国民の理解なんて関係ないと言った独裁者を絶対に忘れません。憲法学者は関係ない、法的安定性は関係ないと平気な顔で言う議員の一人ひとりを忘れません。

この法案が通って死ぬのは民主主義ではなく、現政権とその独裁政治です。民主主義は止まらないんです。次の選挙で、彼らを必ず引きずり降ろしましょう。それができるのも、しなきゃいけないのも、私たちです。やれることは全部やる。私は絶対に諦めません。

（5）私が知ってた日本じゃない

「安倍晋三から日本を守れ」——。こんな直截で刺激的なスローガンを、20代の若者が街頭で叫ぶ。3年半前に日本を出た時、こんな光景を想像すらしませんでした。（安川崇記者）

インド・ニューデリーでの特派員暮らしを終えて、今年9月から社会部で勤務しています。この間あちこちでこの驚きを語ってきました。

私が渡印したのは2012年3月末。ちょうど震災1周年を機に、首相官邸前で反原発運動が始まった時期でした。引越しや家族のビザの手配などで手一杯だった私は、それを取材する機会もないまま日本を離れました。つまり私はこの間の日本の激動と、市民による抗議の波の高まりを見ないまま3年半を過ごしたことになります。

インドでは日本政治の報道は少ない。見聞きしたのは憲法解釈が変わったこと、消費税が上がったことなど。まったくいい話がなく、「いやな国になっていく。そんな所に帰るのか」とブルーな気分で帰国を迎えたのです。

官邸前での運動が続いていることは知っていました。インドで出会った友人が帰国し参加していたこともあり、9月初めの金曜の夜、国会前に行ってみました。

ドコドコ太鼓を鳴らす反原連。国会周辺のあちこちに湧いたかのように人の輪ができ、音が出ている。数年前に国会取材団に入った時の記憶では、夜の国会前とはガラーンと静まり返っている場所でした。あんなにザワザワした国会前を、初めて見ました。

そしてSEALDsがいました。リズミカルでかっこいいコール。「国民なめんな」「勝手に決めんな」。あの世代の言語感覚が衝撃でした。

政治参加が「カッコよい」という空気は、現在41歳の私の学生時代にはすでになかった。そんなものは絶滅したと思っていました。だから、あんなエネルギーが日本のどこに潜み、育っていたのか、まだ分かりません。とにかく感じたのは、「これは俺が知ってた日本じゃない」ということでした。

嫌な法律は、できてしまった。危機感は募ります。でもいい方向での変化も起きていました。この新しい雰囲気の中、各種集会の現場で参加者と「嬉しい驚き」を共有しながら歩くのが、最近楽しい。

（6）行動は止まらない

戦争法の成立強行の翌日9月20日、「学者の会」は171人が会見を開き、抗議声明を発表。会の名称を「安全保障関連法に反対する学者の会」に改め、新たなたたかいに踏み出すと宣言しました。発起人の広渡清吾・日本学術会議前会長は「反対運動を豊かに発展させて国民多数の意思を国会の多数にし、そこに立つ政権を誕生させ、安保法を廃止し閣議決定を撤回させる。歴史上初めての市民革命的『大改革』を市民とともに成し遂げよう」と訴えました。

「安保関連法に反対するママの会」も25日、国会内で記者会見し、戦争法廃止にむけた取り組み、再出発の決意を語りました。「希望」の花言葉を持つガーベラを手に全国のママたちが集合。同会発起人の西郷南海子さんは「採決はまったく認められない。すでに『戦前』とも言えるような日々の暮らしの中から、反対の声を上げ続ける。私たちは選挙を待っているだけではない」と話しました。

戦争法可決・成立後、総がかり行動実行委員会の人たちとともに、これからのたたかいへ決意をかためあう日本共産党国会議員団（９月 19 日午前２時 40 分ごろ、参院議員会館前）

戦争法可決後、国会正門前でコールをつづける SEALDs のメンバー（９月 19 日午前２時 36 分）

学者の会呼びかけ人や大学有志の会、賛同者などが参加して行われた「学者の会抗議声明 100 人記者会見」（９月 20 日、東京・学士会館）

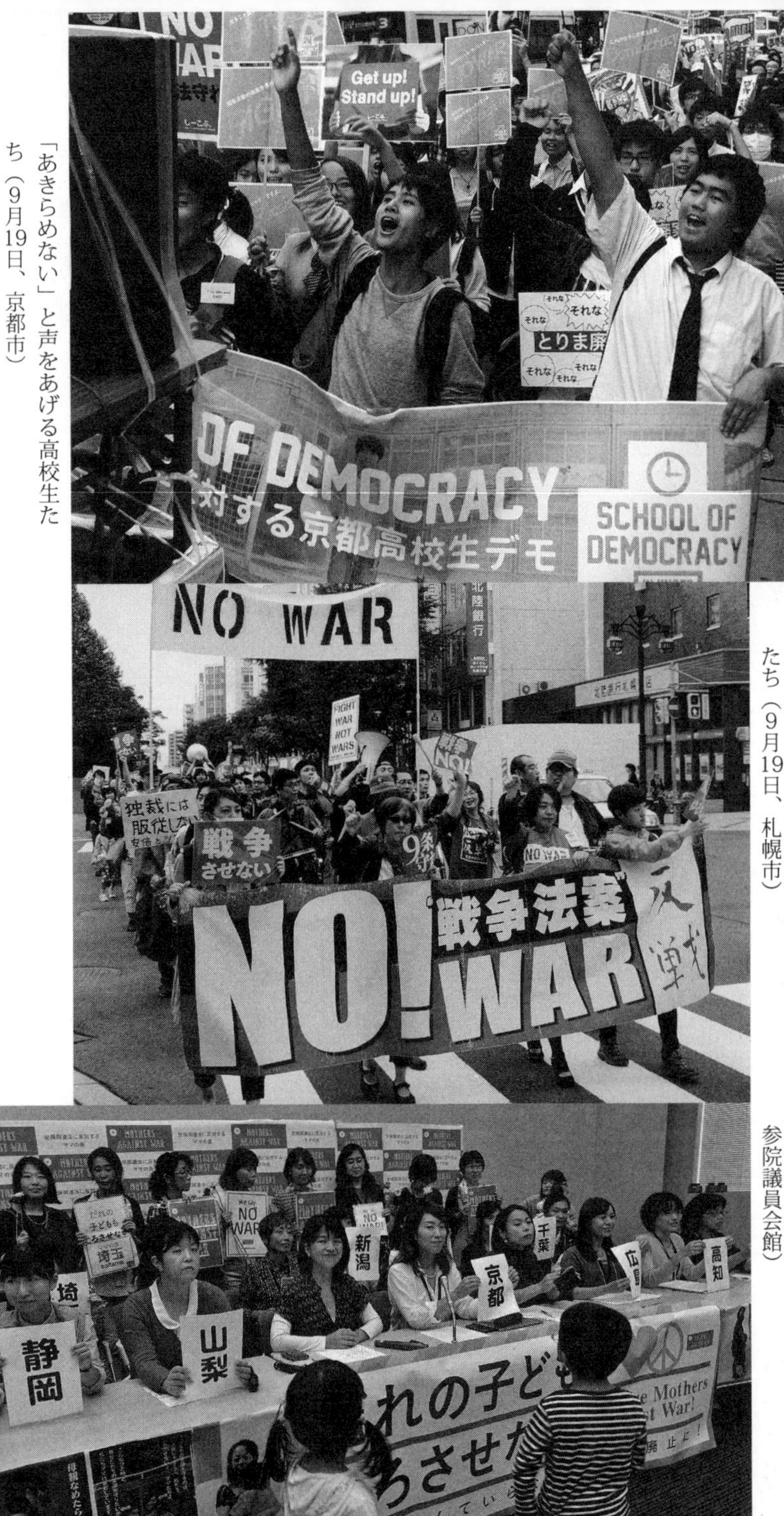

「あきらめない」と声をあげる高校生たち（9月19日、京都市）

「戦争させない」と抗議の声をあげる人たち（9月19日、札幌市）

記者会見で集った各都道府県の「ママの会」の人たち（9月25日、参院議員会館）

■第15章　国民連合政府

(1) 共産党、緊急に4中総／「国民連合政府」提案を確認

日本共産党は9月19日、党本部で第4回中央委員会総会を開き、「『戦争法（安保法制）廃止の国民連合政府』の実現をよびかけます」との志位和夫委員長の提案を総会として確認しました。

報告にたった志位委員長は、4中総の目的について「本日未明、安倍自公政権による戦争法の強行という事態になりました。戦後最悪の違憲立法です。同時に、これに反対する新しい国民運動が全国で澎湃（ほうはい）として起こっています。そういう新しい局面に立って、国民へのよびかけという形で党として新しいたたかいの方向を示すことにあります」と述べ、重要な方針提起なので中央委員会を緊急に開いたことを明らかにしました。

（2）「戦争法（安保法制）廃止の国民連合政府」の実現をよびかけます／日本共産党中央委員会幹部会委員長　志位和夫

日本共産党の第4回中央委員会総会で確認し、志位和夫委員長が19日の記者会見で発表した提案「『戦争法（安保法制）廃止の国民連合政府』の実現をよびかけます」の全文は次のとおりです。

安倍自公政権は、19日、安保法制――戦争法の採決を強行しました。

私たちは、空前の規模で広がった国民の運動と、6割を超す「今国会での成立に反対」という国民の世論に背いて、憲法違反の戦争法を強行した安倍自公政権に対して、満身の怒りを込めて抗議します。

同時に、たたかいを通じて希望も見えてきました。戦争法案の廃案を求めて、国民一人ひとりが、主権者として自覚的・自発的に声をあげ、立ち上がるという、戦後かつてない新しい国民運動が広がっていること、そのなかでとりわけ若者たちが素晴らしい役割を発揮していることは、日本の未来にとっての大きな希望です。

国民の声、国民の運動にこたえて、野党が結束して、法案成立阻止のためにたたかったことも、大きな意義をもつものと考えます。

このたたかいは、政府・与党の強行採決によって止まるものでは決してありません。政権党のこの横暴は、平和と民主主義を希求する国民のたたかいの新たな発展を促さざるをえないでしょう。

私たちは、国民のみなさんにつぎの呼びかけをおこないます。

戦争法の成立した日に開かれた中央委員会総会（9月19日、党本部）

「戦争法（安保法制）廃止の国民連合政府のよびかけ」について記者会見する志位和夫委員長（9月19日、党本部）

1、戦争法（安保法制）廃止、安倍政権打倒のたたかいをさらに発展させよう

戦争法（安保法制）は、政府・与党の「数の暴力」で成立させられたからといって、それを許したままにしておくことは絶対にできないものです。

何よりも、戦争法は、日本国憲法に真っ向から背く違憲立法です。戦争法に盛り込まれた「戦闘地域」での兵站（へいたん）、戦乱が続く地域での治安活動、米軍防護の武器使用、そして集団的自衛権行使――そのどれもが、憲法9条を蹂躙（じゅうりん）して、自衛隊の海外での武力行使に道を開くものとなっています。日本の平和と国民の命を危険にさらすこのような法律を、一刻たりとも放置するわけにはいきません。

戦争法に対して、圧倒的多数の憲法学者、歴代の内閣法制局長官、元最高裁判所長官を含むかつてない広範な人々から憲法違反という批判が集中しています。このような重大な違憲立法の存続を許すならば、立憲主義、民主主義、法の支配というわが国の存立の土台が根底から覆されることになりかねません。

安倍首相は、〝国会多数での議決が民主主義だ〟と繰り返していますが、昨年の総選挙で17％の有権者の支持で議席の多数を得たことを理由に、6割を超える国民の多数意思を踏みにじり、違憲立法を強行することは、国民主権という日本国憲法が立脚する民主主義の根幹を破壊するものです。

私たちは、心から呼びかけます。憲法違反の戦争法を廃止し、日本の政治に立憲主義と民主主義をとりもどす、新たなたたかいをおこそうではありませんか。安倍政権打倒のたたかいをさらに発展させようではありませんか。

2、戦争法廃止で一致する政党・団体・個人が共同して国民連合政府をつくろう

憲法違反の戦争法を廃止するためには、衆議院と参議院の選挙で、廃止に賛成する政治勢力が多数を占

め、国会で廃止の議決を行うことが不可欠です。同時に、昨年7月1日の安倍政権による集団的自衛権行使容認の「閣議決定」を撤回することが必要です。この二つの仕事を確実にやりとげるためには、安倍自公政権を退陣に追い込み、これらの課題を実行する政府をつくることがどうしても必要です。

私たちは、心から呼びかけます。〝戦争法廃止、立憲主義を取り戻す〟――この一点で一致するすべての政党・団体・個人が共同して、「戦争法（安保法制）廃止の国民連合政府」を樹立しようではありませんか。この旗印を高く掲げて、安倍政権を追い詰め、すみやかな衆議院の解散・総選挙を勝ち取ろうではありませんか。

この連合政府の任務は、集団的自衛権行使容認の「閣議決定」を撤回し、戦争法を廃止し、日本の政治に立憲主義と民主主義をとりもどすことにあります。

この連合政府は、〝戦争法廃止、立憲主義を取り戻す〟という一点での合意を基礎にした政府であり、その性格は暫定的なものとなります。私たちは、戦争法廃止という任務を実現した時点で、その先の日本の進路については、解散・総選挙をおこない、国民の審判をふまえて選択すべきだと考えます。

野党間には、日米安保条約への態度をはじめ、国政の諸問題での政策的な違いが存在します。そうした違いがあっても、それは互いに留保・凍結して、憲法違反の戦争法を廃止し、立憲主義の秩序を回復するという緊急・重大な任務で大同団結しようというのが、私たちの提案です。この緊急・重大な任務での大同団結がはかられるならば、当面するその他の国政上の問題についても、相違点は横に置き、一致点で合意形成をはかるという原則にたった対応が可能になると考えます。

この連合政府の任務は限られたものですが、この政府のもとで、日本国憲法の精神にそくした新しい政治への一歩が踏み出されるならば、それは、主権者である国民が、文字通り国民自身の力で、国政を動かすという一大壮挙となり、日本の政治の新しい局面を開くことになることは疑いありません。

3、「戦争法廃止の国民連合政府」で一致する野党が、国政選挙で選挙協力を行おう

来るべき国政選挙――衆議院選挙と参議院選挙で、戦争法廃止を掲げる勢力が多数を占め、連合政府を実現するためには、野党間の選挙協力が不可欠です。

私たちは、これまで、国政選挙で野党間の選挙協力を行うためには、選挙協力の意思とともに、国政上の基本問題での一致が必要となるという態度をとってきました。同時に、昨年の総選挙の沖縄1～4区の小選挙区選挙で行った、「米軍新基地建設反対」を掲げての選挙協力のように、〝国民的な大義〟が明瞭な場合には、政策的違いがあってもそれを横に置いて、柔軟に対応するということを実行してきました。

いま私たちが直面している、戦争法を廃止し、日本の政治に立憲主義と民主主義をとりもどすという課題は、文字通りの〝国民的な大義〟をもった課題です。

日本共産党は、「戦争法廃止の国民連合政府」をつくるという〝国民的な大義〟で一致するすべての野党が、来るべき国政選挙で選挙協力を行うことを心から呼びかけるとともに、その実現のために誠実に力をつくす決意です。

この間の戦争法案に反対する新しい国民運動の歴史的高揚は、戦後70年を経て、日本国憲法の理念、民主主義の理念が、日本国民の中に深く定着し、豊かに成熟しつつあることを示しています。国民一人ひとりが、主権者としての力を行使して、希望ある日本の未来を開こうではありませんか。

すべての政党・団体・個人が、思想・信条の違い、政治的立場の違いを乗り越えて力をあわせ、安倍自公政権を退場させ、立憲主義・民主主義・平和主義を貫く新しい政治をつくろうではありませんか。

あとがき

「国民の歩み止められない」。2015年9月19日、戦争法が強行された日の「しんぶん赤旗」1面トップの見出しです。新聞各紙はそろって「安保法制成立へ」との見出しでしたが、私たちは、明け方まで国会前に残って戦争法案反対を訴え続けた国民の熱気に応え、次につなげたいという思いから、異例の見出しをつけました。その日の午後には、日本共産党第4回中央委員会総会で「戦争法（安保法制）廃止のための国民連合政府」提案が確認され、歩みをとめない国民のたたかいとともに、日本の情勢を切り開く一つの流れになりつつあります。

本書は、その流れをつくった源ともいえる新しい国民の運動の軌跡を「赤旗」記事から、国民運動部の内藤豊通部長を中心に編集したものです。なんの組織に動員されたわけでもない学生が、ママたちが、そして学者や弁護士が、一人の主権者として自覚的、自発的に立ち上がった運動は、戦後かつてなかったものであり、憲法の平和主義、民主主義が60有余年をへてこの国に根付いてきたことを示すものでした。労働組合、女性、業者、農民などの諸団体が本気で立ち上がり、国民的な運動を支えました。その力が合流して、雨の降りしきる国会前の数百人の集まりから始まり、十数万の怒りの渦へと広がっていった軌跡を同時進行的に感じてもらおうと、あえて新聞記事を生かす形にしました。

歴史的な国民のたたかいは、赤旗編集局にとっても「歴史的紙面づくり」の日々でした。取材部門から製作部門まで文字通り編集局あげてのとりくみとなり、記者もそのなかで成長していきました。その記録としても残せることを感謝しています。出版にあたっては、新日本出版社の田所稔、柿沼秀明両氏に無理を聞いていただきありがとうございました。本書が、新しい時代を願う人たちにとって、単にたたかいを振り返るだけでなく、明日を切り開く力となれば幸いです。

赤旗編集局次長・編集センター責任者　藤田　健

この力(ちから)が日本(にほん)を動(うご)かす――戦争法阻止(せんそうほうそし)に動(うご)いた人(ひと)びと

2015年12月15日　初　版
2016年１月20日　第３刷

編　者　しんぶん赤旗編集局
発行者　田　所　　稔

郵便番号　151-0051　東京都渋谷区千駄ヶ谷4-25-6
発行所　株式会社　新日本出版社
電話　03（3423）8402（営業）
03（3423）9323（編集）
メール　info@shinnihon-net.co.jp
HP　www.shinnihon-net.co.jp
振替番号　00130-0-13681
印刷　亨有堂印刷所　製本　光陽メディア

ISBN978-4-406-05950-3　C0031　Printed in Japan